U0150564

通信系统网络结构与行为分析

王永程　程　建　游　凌　王　玉　著

科学出版社

北　京

内 容 简 介

本书以通信系统网络为对象,介绍网络空间态势感知的相关概念、理论、技术和研究现状,针对通信系统网络中的系统、线路、用户和业务等多层次多尺度目标,重点阐述网络结构属性、网络与目标的活动变化规律等的分析方法,并基于此进一步探讨目标属性及目标间关联关系的数据挖掘方法。

本书总结了作者多年来在网络态势感知领域的研究成果,首先系统总结和梳理网络态势感知需求及应用价值;然后在网络结构分析技术和网络行为分析技术方面,介绍相关研究成果;最后结合作者业务实践,介绍某型号网络态势感知实验系统的组成和工作原理。

本书内容全面,研究视角新颖独创,综合性强,适合网络态势感知、网络数据分析领域的教师、研究人员及工程技术人员使用。

图书在版编目(CIP)数据

通信系统网络结构与行为分析 / 王永程等著. — 北京:科学出版社,2021.3
ISBN 978-7-03-067982-6

Ⅰ.①通… Ⅱ.①王… Ⅲ.①通信网-网络结构②通信网-行为分析 Ⅳ.①TN915.02

中国版本图书馆 CIP 数据核字 (2021) 第 019194 号

责任编辑:张 展 黄明冀 / 责任校对:彭 映
责任印制:罗 科 / 封面设计:墨创文化

科学出版社 出版
北京东黄城根北街16号
邮政编码:100717
http://www.sciencep.com

成都锦瑞印刷有限责任公司 印刷
科学出版社发行 各地新华书店经销
*

2021 年 3 月第 一 版 开本:B5 (720×1000)
2021 年 3 月第一次印刷 印张:10 1/2
字数:208 000

定价:89.00 元
(如有印装质量问题,我社负责调换)

前　　言

随着现代通信系统信息化水平的提高,网络空间作为继陆、海、空、天之外的第五维空间受到越来越多的关注。本书介绍的网络空间态势感知,有别于网络安全态势感知,主要是针对现代通信系统,尤其是无线通信系统。网络安全态势感知主要关注网络层流量的分析和异常检测,目的是及时发现和预警网络异常攻击;本书涉及的通信系统网络态势感知,关注的网络空间层次不仅包括网络层,还包括物理层、应用层和社会层,更加全面和体系化。

本书总结了作者多年来在通信系统网络态势感知领域的研究成果,内容全面,研究视角新颖独特,综合性强。本书对网络态势感知需求的分析和应用场景描述,能够使读者快速对该领域产生全局的认知;对领域相关的关键技术进行的系统化梳理,可以使读者对当前技术现状形成明晰的认知;对多项研究成果的介绍按照上述技术体系进行编排,使读者既能在宏观上进行把控,又能在技术细节上得到滋养。

本书组织结构如下:

第 1 章分别从数据筛选、目标监视、目标行为异常检测三个方面进行网络态势感知需求分析,并对网络态势感知的应用价值进行分析和探讨,最后对网络态势涉及的相关关键技术研究现状和发展动态进行详细介绍。

第 2 章介绍基于跳数矩阵的隐含网络结构推理,该方法能够利用 IP

网络数据传输过程中的 TTL（time to live）信息实现网络内部逻辑结构的推理。与其他被动网络结构还原方法相比，该方法一是摆脱了对路由协议数据的依赖性，二是还原结果更具完整性。

第 3 章介绍基于社区结构挖掘的业务网络发现，该方法有效解决了端口识别、深度包检测（deep packet inspection，DPI）、人工解析协议等方法难以适应现代网络业务识别的问题，创新性地将复杂网络领域的社区发现算法应用于网络 IP 通联图，从而在不解析协议的条件下完成业务网络的自动发现，具有准确率高、时效性好、更具整体性的特点。该方法不仅能够得到网络的整体业务分布态势，同时能够将网络中的未知业务、异常业务及关键节点推荐给网络运维人员做进一步的分析，具有很好的应用价值。

第 4 章针对网络行为分析问题，以某通信系统网络数据集为例，开展通信系统网络多层多维多尺度目标行为实证分析。其主要内容包括两大部分，第一部分建立多层多维多尺度的网络目标行为分析框架；第二部分基于通信系统网络数据，针对物理层信号目标、网络层 IP 目标，开展通信系统网络多层多维多尺度行为的实证分析。

第 5 章介绍基于朴素贝叶斯（naive Bayes，NB）不确定推理的属性判断方法，该方法引入了基于增量学习的朴素贝叶斯方法，能够解决在训练样本稀缺的情况下，如何有效利用新样本信息对分类模型进行学习更新的问题。同时，该方法针对实际应用环境下不存在人工标注样本的情况，有效解决了贝叶斯推理的"冷启动"难题。

第 6 章针对网络目标关联关系挖掘的问题，介绍基于谱聚类算法的解决思路——自适应加权谱聚类(adaptive weighted spectral clusterring，AWSC)算法。该方法结合实际数据特点，有针对性地对传统谱聚类算法进行了改进，能够自适应确定尺度参数取值，获得了优于现有算法的聚类精度。

第 7 章介绍作者参研的针对通信系统网络态势感知实验系统的设计和实现。书中给出系统的组成、工作原理及工作流程，并对系统的关键模块进行重点阐述。该系统能够集成本书涉及的各关键技术和算法，在协议层逻辑结构推理、业务网络发现、目标属性挖掘以及目标关联关系判断方面取得了实际应用效果。

第 8 章为本书的拓展内容，针对社交网络中 Sybil 异常节点的检测问题，介绍一种基于有向图模型的 Sybil 检测方法——SybilGrid，该方法与现有基于无向图模型的 SybilDefender 方法相比，在相同的攻击边数量下，虚警率更低，同时所需的游走路径更短，算法效率得到了进一步提升。

本书在编写过程中参考了许多相关的资料和书籍，在此不一一列举(详见参考文献列表)，作者对这些参考文献的作者表示真诚的感谢。同时感谢科学出版社在本书的出版过程中给予的支持和帮助。

由于编者水平有限，且本书涉及的知识点多、新，书中难免有不妥之处，作者诚恳地期望各位专家和读者不吝赐教和帮助，不甚感谢。

王永程

2019.9.15

目　　录

第1章　绪论 ··· 1

1.1　网络态势感知的需求分析 ·· 2

1.1.1　面向数据筛选的网络态势感知需求 ······················ 2

1.1.2　面向目标监视的网络态势感知需求 ······················ 4

1.1.3　面向行为异常监测的网络态势感知需求 ················ 7

1.2　网络态势感知应用价值分析 ·· 8

1.2.1　提供多层次多尺度的网络全景态势 ······················ 9

1.2.2　牵引数据挖掘型数据分析模式变革 ···················· 11

1.3　当前研究现状与发展动态 ·· 12

1.3.1　网络空间态势元数据描述模型研究 ···················· 13

1.3.2　网络结构分析技术研究现状 ······························· 15

1.3.3　网络行为分析研究现状 ······································ 23

1.4　本书的主要内容与章节安排 ··· 29

第2章　基于跳数矩阵的隐含网络结构推理 ································· 30

2.1　引言 ··· 30

2.2　基本概念 ··· 32

2.2.1　隐含网络结构 ·· 32

2.2.2　跳数矩阵 ·· 33

2.3　基于跳数矩阵的隐含网络结构推理算法 ····························· 34

2.3.1 初始树形结构生成 ·· 36

2.3.2 $\hat{H} \geqslant H$ 树形结构生成 ··· 37

2.3.3 $\hat{H} = H$ 网络结构生成 ·· 39

2.4 算法性能分析 ·· 41

2.4.1 基于完备跳数矩阵的结构推理性能分析 ············· 42

2.4.2 基于不完备跳数矩阵的结构推理性能分析 ·········· 44

第3章 基于社区结构挖掘的业务网络发现 ···················· 48

3.1 引言 ·· 48

3.2 基本概念 ·· 51

3.3 基于邻域相似性的社区结构挖掘方法 ····················· 52

3.4 算法性能分析 ·· 55

3.4.1 数据集及性能指标 ·· 55

3.4.2 人工数据集性能测试结果 ·································· 56

3.4.3 某通信系统网络 A 业务网络发现的应用分析 ········ 58

第4章 通信系统网络多层多维多尺度目标行为实证分析 ······ 61

4.1 引言 ·· 61

4.2 通信系统网络多层多维多尺度目标行为分析框架 ········ 62

4.3 通信系统网络物理层目标行为实证分析 ··················· 64

4.3.1 信号行为特征量分布行为分析 ···························· 66

4.3.2 基于信号演化行为的近似关联性分析 ··················· 74

4.4 通信系统网络层目标行为实证分析 ························· 77

4.4.1 IP 行为特征量分布行为分析 ···························· 78

4.4.2 基于 IP 分布行为的近似关联性分析 ········· 85

第 5 章 基于朴素贝叶斯推理的网络目标属性挖掘 ········· 87

5.1 引言 ········· 87

5.2 基本概念 ········· 89

5.2.1 朴素贝叶斯分类 ········· 89

5.2.2 朴素贝叶斯分类器的增量学习 ········· 91

5.3 聚类引导式的增量贝叶斯推理算法 ········· 95

5.3.1 增量学习的样本选择策略 ········· 95

5.3.2 聚类引导式增量朴素贝叶斯推理算法 ········· 96

5.4 算法性能分析 ········· 99

5.4.1 数据集及聚类质量衡量指标 ········· 99

5.4.2 UCI 标准数据集实验分析 ········· 100

5.4.3 针对通信系统网络信号出入向属性判断的性能分析 ······· 102

5.4.4 针对通信系统网络 IP 属性判断的性能分析 ········· 104

第 6 章 基于谱聚类的网络目标关联关系挖掘 ········· 106

6.1 引言 ········· 106

6.2 基本概念 ········· 107

6.2.1 传统谱聚类 ········· 107

6.2.2 目标交互行为相似性 ········· 110

6.3 自适应加权谱聚类算法 ········· 111

6.3.1 尺度参数的自适应调整算法 ········· 111

6.3.2 自适应加权谱聚类算法 ········· 114

6.4 算法性能分析 ··· 115

  6.4.1 数据集及聚类质量衡量指标 ······························ 115

  6.4.2 人工数据集性能分析 ····································· 118

  6.4.3 UCI 标准数据集性能分析 ································ 121

  6.4.4 某通信系统网络 IP 通联元数据集应用分析 ············· 122

第 7 章　某通信系统网络态势感知实验系统介绍 ················· 126

7.1 引言 ·· 126

7.2 通信系统网络态势感知实验系统设计 ·························· 126

  7.2.1 设计思路、系统组成与工作原理 ······················· 126

  7.2.2 网络数据接入及预处理模块 ····························· 128

  7.2.3 网络结构/行为分析引擎 ································· 128

  7.2.4 态势可视化展示模块 ····································· 129

第 8 章　基于有向图模型的网络异常目标检测 ··················· 132

8.1 引言 ·· 132

8.2 基本概念 ·· 133

8.3 基于有向社交网络的 Sybil 检测方法 ·························· 135

8.4 算法性能分析 ·· 139

  8.4.1 Sybil 检测性能分析 ····································· 139

  8.4.2 与 SybilDefender 的性能比较 ··························· 141

索引 ··· 143

参考文献 ··· 145

第1章 绪　　论

网络空间作为继陆、海、空、天之外的第五维空间，受到国内外的高度关注。网络空间对抗是各国都十分重视的新型对抗模式，网络空间态势感知是培育新型对抗能力的着力点。网络空间态势感知是指针对网络通信数据，在网络结构、网络行为及网络目标等方面，深入挖掘对象网络的当前状态和变化趋势。对通信系统网络而言，通信系统网络承载的传输内容被称为"显性知识"，通过分析挖掘网络通信元数据，得到的网络结构属性、目标属性、网络与目标活动规律及关联关系等知识就是"隐含知识"。上述显性知识、隐含知识的获取，能够辅助人们对通信系统网络的认识达到更高层次，进行网络脆弱性评估、威胁评估及网络安防策略制定，从而提升网络空间对抗能力。

针对网络空间"隐含知识"获取问题，本书选取通信系统为对象，介绍网络态势感知相关概念、理论、应用需求及关键技术。首先探讨面向数据监视分析的网络态势概念，从数据筛选、目标监视、行为异常监测三个方面，深入分析不同应用场景的态势感知需求，并就其应用价值进行分析；然后，给出通信系统网络态势感知的技术体系架构，总结和梳理相关技术研究现状；最后，给出本书的主要内容，并对网络态势感知的应用前景进行讨论。

态势感知最早由 Endsley 于 1988 年提出，是指从时间和空间的角度，获取环境中的各种要素，理解这些要素并对其未来的状态进行预测的过程。在不同的领域，针对不同的对象，态势感知所面对的要素和分析的范畴各不相同。对通信系统而言，网络态势感知针对网络中的系统、线路、用户和业务等多层次多尺度目标，掌握数据分布状态，并基于此深入分析和挖掘目标属性、行为规律及目标间的关系，以获取更多的关于网络的隐含知识，达到理解并预测网络行为的目的。

1.1　网络态势感知的需求分析

从感知对象及感知要素的角度出发，网络态势能够提供的信息大体分为三类：第一类为网络整体结构信息，主要为网络目标之间的连接关系和层次映射关系；第二类为丰富的目标属性信息，特别是隐含属性的分析和挖掘；第三类为目标行为模式及目标间的关联关系。本节将具体分析不同应用场景下的网络态势感知需求，分别是数据筛选、目标监视及行为异常监测。

1.1.1　面向数据筛选的网络态势感知需求

数据筛选是指数据大规模出现时，基于数据中目标的分布状态和时间演化行为，挖掘和展现目标的行为模式及关联关系，辅助业务人员从中选择感兴趣的数据进行有的放矢的过滤分析。

传统的数据分析筛选往往采用排查式分析方式。由于数据分布的广泛性，发现目标行为规律的时间累积性，导致筛选过程中对行为信息、通信结构信息利用的深度和广度不够，不可避免地出现工作量大、效率低等问题，迫切需要对目标相关态势的整体感知能力。

基于网络态势感知的数据筛选，致力于提供多层次、多尺度目标的属性和行为信息，对目标分布状态、目标间的关联关系给出定量分析。业务人员在此基础上对未知目标可以尝试选择性的、探索性的导航式分析模式，提高数据分析效率。整个过程中，目标行为特征分析是最重要的环节。下面通过某实例，来感性认识基于网络态势感知的数据筛选。

实例分析：某通信系统网络 IP 业务分析。

此处利用复杂网络社区结构挖掘方法来识别网络业务，获取网络业务的整体分布态势，该方法中输入为网络中的 IP 通联数据，基于这些通联数据构建 IP 通联图，通过社区结构挖掘技术，输出 IP 通联社区，每个社区代表一种业务类型，社区内节点(IP 节点)代表相应的业务终端。图 1-1 显示的是某通信系统网络业务的整体分布态势，从图中可以明显看出几个主要的网络业务。通过人工验证，对主要业务进行了标注，同时，可以明显发现该网络未知的私有业务。

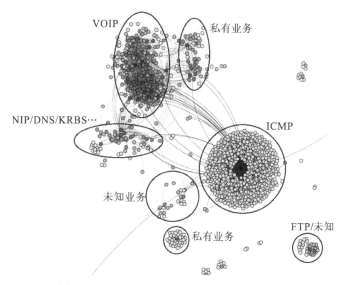

图 1-1　某通信系统网络业务的整体分布态势

　　图 1-2 为某通信系统网络基于 IP 的语音传输(voice over internet protocol,VOIP)业务分布,利用 DPI 方法得到网络中的 VOIP 业务终端,再进一步构建的 IP 通联图。可以看出,该业务分成了两个通联簇,经过对相关数据的人工分析,发现右方的簇属于正常的 VOIP 业务,而左侧方框部分并非真正的 VOIP 业务。这两种数据都采用相同特征的端口,且用于识别 VOIP 业务的特征字段也相同,如果采用 DPI 方法,将无法发现方框内的异常业务。由此说明这种对网络业务整体分布的态势感知方法能够发现异常业务通信簇。

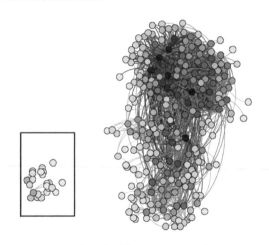

图 1-2　某通信系统网络 VOIP 业务分布

1.1.2　面向目标监视的网络态势感知需求

　　传统的目标监视强调对目标通信内容的监视,往往忽略了目标的长时间累积行为特征,在前端就已经把相关信息过滤掉,导致后端无法对目标行为做进一步的挖掘分析。以流量特征为例,图 1-3 显示的是某通信链路通信流量随时间变化情况,横坐标表示时间,采样周期为 5 分钟,纵坐标为字节数,图中呈现了连续 3 天的流量变化曲线,从图中可明显

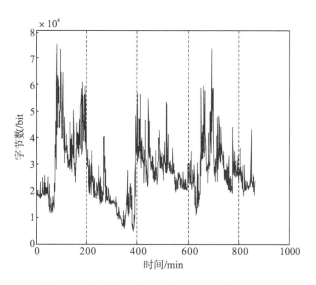

图 1-3　某通信链路通信流量随时间变化情况

看出，该链路按天存在较强的周期性，周期性规律有利于对目标行为模式的深刻认知。

基于行为模式的目标监视是在对目标进行长时间的行为记录及大量元数据分析的基础上，分析挖掘目标的行为模式，一方面有助于加深对目标行为规律的深层认知，另一方面可以有针对性地优化监视策略工作。元数据信息应尽量保证全面，包含通信流量、通信对象、通信链路、通信业务等。这里的行为模式是指对目标行为规律的认知，如周期性规律、通信载波的稳定性规律等，强调在时域上的宽视野，同时行为模式应具有可收敛、长时稳定的特征。

实例分析：某通信系统网络中业务传播路径规律分析。

网络空间中，某些特定类型的业务在传播过程中通常遵循较为固定的传输路径。在图 1-4 所示的树形指控网络中，一级指挥所下达命令时通常会首先发送至二级指挥所，然后由二级指挥所向其直属的三级指挥

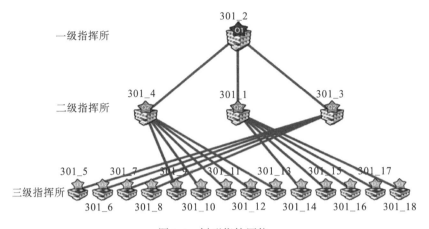

图 1-4　树形指控网络

所转达命令。当三级指挥所需要反馈命令执行结果时，其按照相反的路径分别上传到二级指挥所和一级指挥所。

　　这里的传播路径是指网络空间中信息从一个源端发送到目的端所经过的节点组成的路径。基于上述认识，通过提取特定业务的通联事件记录，相关元数据包括时间戳、发送方、接收方、业务类型，采用序列模式挖掘方法可以实现对业务传播路径的挖掘分析。图 1-5 为挖掘结果，可以明显发现这些路径从多个节点(IP 地址表示节点)发出，并经同一节点中转后，分别到达不同的节点。因此，推理该中转节点极有可能是核心中转节点。该行为模式能够提供关于目标网络关键节点的重要线索，增强对节点间通信模式的认知能力，为对该网的深入认知提供指向性。

序列模式	
值	概率
192.168.71.75, 192.168.2.75;192.168.2.75, 192.168.21.75	0.25
192.168.71.75, 192.168.2.75;192.168.2.75, 192.168.7.75	0.25
192.168.73.75, 192.168.2.75;192.168.2.75, 192.168.21.75	0.18
192.168.73.75, 192.168.2.75;192.168.2.75, 192.168.7.75	0.17
192.168.140.22, 192.168.2.75;192.168.2.75, 192.168.21.75	0.03
192.168.140.22, 192.168.2.75;192.168.2.75, 192.168.7.75	0.03
192.168.6.75, 192.168.2.75;192.168.2.75, 192.168.21.75	0.01
192.168.6.75, 192.168.2.75;192.168.2.75, 192.168.7.75	0.01
192.168.8.75, 192.168.2.75;192.168.2.75, 192.168.21.75	0.01
192.168.8.75, 192.168.2.75;192.168.2.75, 192.168.7.75	0.01

图 1-5　针对数据链业务的传播路径挖掘结果

1.1.3　面向行为异常监测的网络态势感知需求

异常，即非正常。不同的应用、不同的人对异常的认知不同。本书的行为异常监测主要关注两个方面：一方面是异常模式确定的情况下，异常事件的及时发现，如数据中新用户、新业务报警；另一方面是异常模式未知或模糊的情况下，对异常模式进行自动分析，并设计异常度量指标来实时监测目标行为。

现有业务系统缺乏对目标行为的长时记录、对目标分布状态的全景掌握，导致异常监测工作不系统、不全面，且缺乏对异常模式的自动分析，尤其是对异常模式与相关网络事件的关联分析不足，例如，网络行为的突变往往与用户行为的变化相关联。

基于网络态势感知的行为异常监测，致力于针对不同层次、不同尺度的目标行为进行全面的实时异常监测。在确定的异常模式下，辅助业务人员及时发现和快速定位网络异常，及时采取应对措施。在异常模式未确定的情况下，通过对目标行为模式的感知，设计合理的异常度量指标，进一步将异常现象与网络事件进行关联分析，从而辅助业务人员对异常的原因进行研判。

实例分析：某通信系统网络用户通联行为异常监测。

用户流量属于用户行为特征之一。本例基于用户通联对象的流量分布元数据，利用信息熵设计了一种指标来度量用户的通信模式。这里的通信模式是指用户发生的通信流量与其他用户的流量占比情况。若通信模式比较稳定，则信息熵值比较稳定，当发生突发事件时，该指标会在某时刻出现大幅度的上升或下降。网络管理人员由此可对该时刻的通信数据进行研判，分析异常出现的原因。

图 1-6 显示了该通信系统网络中某终端的通信行为异常监测指标的时间变化曲线，横坐标为时间，跨度为 1 个月，纵坐标为衡量流量分布情况的信息熵，可以看出该终端在第 1 天到第 14 天内通信模式比较稳定，从第 15 天到第 23 天，大约一周的时间内，稳定性指标发生了突变，这种变化意味着通信模式的突变，从第 24 天开始，该终端的熵指标又重新回归之前的水平。业务人员可以根据此项指标的变化曲线，针对性地对第 15 天到第 23 天的数据进行分析，研判异常出现的原因。

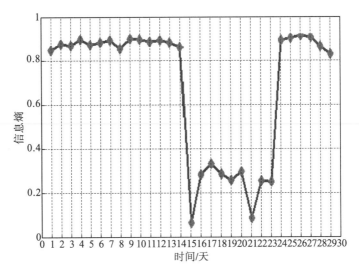

图 1-6　某终端的通信行为异常监测指标的时间变化曲线

1.2　网络态势感知应用价值分析

本书观点认为网络态势感知的应用价值体现在以下两个方面：一是提供了多层次多尺度的网络全景态势，使业务人员能在全景态势的基础上有针对性地开展数据分析等工作；二是牵引数据分析模式从内容信息分析到元数据挖掘的变革，促进数据驱动、迭代反馈式的分析监视工作模式形成。

1.2.1　提供多层次多尺度的网络全景态势

1. 网络结构的全景态势

完整且丰富的网络结构态势对网络安全防御能起到瞄准导航的作用。具体而言，若网络结构已知，则其可以辅助评估网络结构设计的合理性，发现存在脆弱性的网络线路或网络节点，从而预先对网络安全风险进行判断。同时也可指导人们对重要的线路进行重点关注，分配更多的管控资源。

网络态势系统提供多层次多尺度的立体式网络结构，多层次是指涵盖物理层、网络层和社会层的多层网络，层与层节点之间存在承载或映射关系；多尺度是指可以从不同的粒度视角考察各层次的目标节点，如网络层的 IP 节点和局域网。网络结构全景能够对网络数据分析、网络安全管理起到很好的决策支撑作用。

2. 丰富的目标属性及目标多维分布状态

网络目标属性可以从数据外部特征元数据综合分析得到，如 IP 节点的操作系统等系统属性，业务端口所传输的数据明密等业务属性，网络设备的组织隶属等社会属性。网络态势系统要求其既能自动解析网络协议获取目标的属性信息，又能融合关联各种元数据信息（包括结构元数据和行为元数据）来推理目标的隐含属性信息，从而为业务人员提供丰富的目标属性查询。

网络态势系统提供目标的多维分布状态,这里的"多维"是指目标分布的各个视角,以网络层IP用户为例,有IP用户在频域上的载波分布、在时域上的流量分布、在用户域上的通联对象分布等。系统、线路、用户到业务等各个层次的目标多维分布状态在不同层次上、不同尺度上为业务人员提供目标全景分布态势,一方面,有利于快速找到分析目标,进行有针对性的细节探索;另一方面,分布状态之间的相似性也是研判目标相似性的依据之一。

3. 丰富的目标关联关系

分析和挖掘目标之间的关联关系是网络态势系统的关键功能。传统的依赖人工对信息内容进行解译从而判断关联关系的方法存在零碎化、视野窄且受业务人员的能力差异影响等不足,尤其是面对大数据环境、流量加密等情况时,更显吃力。网络态势系统除了整合人工分析结果,更重要的是可以通过目标之间结构的相似性、目标行为的相似性等,在不同的层次、不同的尺度上度量目标之间的关联关系。这里的关联关系可以是同层次目标之间的聚簇关联,如多个线路对应同一个用户,也可以是不同层次目标之间的映射关联,如IP节点和ATM节点的映射关系等。

从网络化、系统化的角度来看,网络空间目标之间关联关系的存在是必然的。挖掘并理解这些关联关系,有助于避免从孤立的视角去看单一业务或单一用户及它们的网络行为和异常,而是从整体、全局的角度认识网络。

1.2.2　牵引数据挖掘型数据分析模式变革

1. 大数据支撑的数据分析模式

随着数据量的激增、数据加密强度的持续增强，业务人员可以基于丰富的网络元数据，在大数据平台的支撑下，从网络结构、网络行为等角度深入分析和挖掘网络隐含知识，从而形成整体的网络全景态势。

2. 迭代反馈式的数据分析模式

实际工作中，数据分析分多个环节，从数据处理到信息处理再到分析报告规整，每一个环节的分析结果和认识都对上一环节的工作能够起到有意义的指导作用。例如，信息解译人员对数据的标注工作，能够指导前端数据处理人员对数据进行有针对性、高质量的聚类和关联。因此不能孤立地看待数据分析挖掘，它既是业务应用的输入，同时也要作为业务应用的输出，即整个数据分析生产线应该是一个迭代反馈式的闭环增益过程，不同工种之间应加强协同工作力度。

3. 适应元数据生成的全段传感器改造

传统的数据获取环节往往忽略了多层次多尺度的网络目标元数据的提取和存储。在数据化生产新模式下，需要对现有传感器进行适应性全段改造，一方面，适应多层次、多尺度的数据分析和挖掘，支撑网络态势生成；另一方面，需要将网络态势感知系统与现有生产系统有效融合，支撑迭代反馈式的新型工作模式。

1.3　当前研究现状与发展动态

图 1-7 显示的是网络态势感知的技术体系架构，也是本书的主要内容组成。本节将依据该结构图对相关技术的研究现状进行总结。网络空间态势元数据描述模型、网络结构分析技术及网络行为分析技术是网络态势感知研究的重要内容。

网络元数据描述模型是网络态势数据的综合表示，数据描述模型既为网络结构/行为分析提供元数据，同时又是网络结构/行为分析的输出。基于该模型，可以形成对网络态势的整体认知。

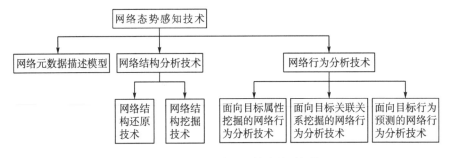

图 1-7　网络态势感知的技术体系架构

网络结构分析技术研究包括网络结构还原技术和网络结构挖掘技术，网络结构还原解决网络结构从无到有的问题，而网络结构挖掘解决基于已有网络结构挖掘隐含知识的问题。网络行为分析技术研究包括面向目标属性挖掘的网络行为研究、面向目标关联关系挖掘的网络行为研究及面向目标行为预测的网络行为研究。

1.3.1　网络空间态势元数据描述模型研究

网络空间态势元数据描述模型的构建是态势感知的基础，能够为管理者、开发者和使用者在不同层面提供统一的数据表示，让不同角色的用户在整体上对网络空间有比较统一的认知。模型的建立要实现对网络空间结构和行为的统一描述，能够指导网络结构的反演与多层网络的融合关联、网络与目标行为规律的挖掘与分析、业务网络的自动发现等，还能够支撑多层多维多尺度的网络空间综合态势展示；同时，也为数据资源的深层应用、分析、挖掘提供支持，能够实现数据资源的可视、可访问、可理解、可信、可交互、可反馈等功能。

为了保证模型的可持续完善，模型支持多层次扩展，充分应对网络空间变化迅速的特点；模型针对网络空间多层多维多尺度的特点，支持对网络空间多个目标之间的有机关联；模型根据网络空间的活动变化情况，描述网络空间事件，从而支持对网络空间活动状态的描述和行为规律的分析，提升行为认知能力。

1. 设计思路

整个元数据描述模型主要对网络、节点、关系、事件和活动规律五大对象进行描述，对象关系如图 1-8 所示。其中，针对每个对象的描述分为基本属性和扩展属性两部分，基本属性用于刻画表征多层多维多尺度态势关联融合的关键属性，只有具备了基本属性，对象目标才能进行态势关联，否则只能作为孤立的目标存在。

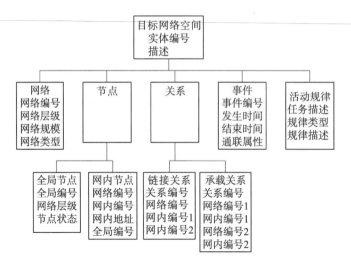

图 1-8   网络空间元数据对象关系图

2. 网络

网络空间所有的节点和连接都是隶属于某一个网络,因此网络是首先需要描述的对象。由于网络空间具有多层次的特性,所以元数据中网络的基本属性除了包括标识身份的编号,还有一个所在层级的描述,这里的层级划分是在开放式系统互联(open system interconnection,OSI)七层模型和 TCP/IP 四层模型的基础上提出的物理层、网络层与业务层网络结构,网络的扩展属性包括网络业务种类、网络规模、网络连通度等,扩展属性可自由定义。本书中,基于跳数矩阵推理得到的隐含网络结构为路由器级的逻辑网络结构;基于社区结构挖掘的业务网络是对业务层网络的挖掘,表征网络业务的整体分布状态。

3. 节点

在描述节点时,将其分为全局节点和网内节点两种;其中,全局节点是某个节点在整个网络空间中的唯一标识,而网内节点是某个节点在某个网络内的唯一标识。尽管一个节点在某一个网络内是唯一存在的，但一个节点可以同时属于多个网络(路由节点等)，此时，一个节点可能会对应多个网内节点。当节点只出现在一个网络内时，该节点只对应一个网内节点；而当节点出现在多个网络内时，该节点对应多个网内节点。

同时，网络空间存在着不同尺度的网络，一个节点可能同时属于两个不同尺度的网络(网络间存在着包含关系)，这样全局节点与网内节点同样存在一对多的对应关系。本书中，"节点"的概念与"网络目标"等同。

4. 关系

关系主要定义了两类：链接关系和承载关系。其中，链接关系即同一层级节点之间的连接关系；而承载关系是指上下不同层级节点之间的对应关系。链接关系只能出现在一个网络内，因此需要确定的是链接两端的网内节点。承载关系出现在不同层的不同网络的节点之间，因此需要确定的是哪个网络和其中的哪个网内节点。

5. 事件和活动规律

网络、节点和关系均用于描述网络空间静态结构，而事件则用于描述网络空间的活动状态。活动规律是对网络整体、局部、节点或者链接的活动情况的刻画，反映其在时间维度上的变化情况。

1.3.2　网络结构分析技术研究现状

1. 网络结构还原技术研究

网络结构还原也称网络结构测量[1]，针对网络结构的测量方法主要有三类。第一类是主动测量方法[2]，通过向网络中注入"traceroute"探测包来获取任意两点间的传输路径，再由大量的传输路径融合形成整体网络结构。这类方法原理简单，测量准确，但适用性差，原因有四方面：第一是探测点覆盖问题，为获得整体结构，需要在测量之前解决探测点的分布式部署问题，在结构未知的情况下，解决此问题面临很大的挑战，一个可行的策略是迭代式的贪婪策略，即每次探测后，根据已探测到的结构重新优化探测点分布；第二是路由器端口模糊(interface disambig-uation)[3]问题，由于路由器的所有端口都会分配一个 IP 地址，这样同一个路由器在不同的传输路径上呈现不同的 IP 地址，解决此问题的技术也被称为别名解析技术(alias resolution)[4,5]技术，文献[4，5]提供了不同的解决方案；第三是网络内部节点协作问题，由于安全性和隐私保护，ISP(网络服务提供商)的路由节点对 ICMP 协议包("traceroute"探测包采用 ICMP 协议)采取不响应的处理策略，这样就无法获取内部路由的 IP 地址，随着信息安全越来越受到重视，这种情况会大量出现；第四是网络流量问题，由于需要大量的探测数据，这些探测包带来的额外通信量给网络正常业务带来了负担。

网络结构测量的第二类方法是网络层析成像(network tomogra-phy)[6-10]。该方法把医学层析成像、地震层析成像等领域成熟的理论和方法应用于通信系统网络领域，通过在网络终端节点之间主动发送探测包收集端到端信息，然后借助统计学的方法推断链路丢包率[10]、链路时延[10,11]、链路带宽、网络结构[10-12]等参数。严格地讲，网络层析成像也是主动测量方法的一种，因为网络层析成像同样需要主动地向网络中注入探测包，不同点在于这些探测包经过了特殊设计，不依赖网络内部节点的协作，只需要网络终端节点参与测量。其劣势除了依然存在探测点覆盖问题和网络流量问题，还存在终端测量节点的时钟同步问题。另外，通过对时延等参数的统计分析，网络层析成像获得的往往是网络的逻辑结构，而不是物理结构。

网络结构测量的第三类方法是基于网络协议解析的被动测量方法，通过在特定链路上被动采集网络流量，从中提取与网络结构相关的协议包(如 OSPF 协议包[13,14]、BGP 协议包[15]等)，进而解析还原网络结构。这类方法简单易行，准确性高，且由于是被动采集，不会对网络正常通信造成负担，但其缺陷也很明显。首先，对相关协议数据的依赖性很强，而在实际网络流量中，这类数据包占全部网络流量的比例非常低，甚至没有(如静态路由策略下的网络)；其次，由于采集到的协议包数量有限，解析得到的网络结构是局部的，且比较零碎，需要采用其他方法来融合多个局部网络结构。

网络结构按粒度层次可分为 AS(autonomous system)级结构[15-18]、PoP(point of presence)级结构[19-21]、路由级结构[22-25]，本书关注路由级网络结构。

2. 网络结构挖掘技术研究

网络结构挖掘旨在发现隐含的网络结构特性，如以短路径长度和高聚类系数为特点的"小世界特性"，又如以节点度的幂律分布为特征的"无标度"特性，再如以"同一社区节点紧密连接，不同社区间稀疏连接"为特点的"社区结构"特性。本书主要涉及网络的社区结构挖掘问题，网络的社区结构挖掘主要分为独立社区结构挖掘和重叠社区结构挖掘，前者是指任意一个节点属于且仅属于唯一的社区，后者是指节点可以同时属于多个社区。下面将分别针对上述两类社区结构挖掘技术进行总结和梳理。

1) 独立社区结构挖掘研究

2002 年，Girvan 和 Newman[26]率先提出社区结构挖掘的概念，自此以后，关于社区结构挖掘的新理论和新方法层出不穷，这里就独立社区结构挖掘方面的几种主要的实现思路进行介绍，由于可综述的文献很多，这里只阐述几种核心思想及有代表性的算法。

(1) 基于划分的思路。基于划分的社区结构挖掘方法的核心思想是从网络整体出发，逐步删除不同社区之间的连边，最后得到的每个连通分支代表一个社区，其关键点在于如何确定社区之间的连边，按一定的策略找到社区间的连边后，才可以进行社区的划分。

基于上述思想，2002 年，Girvan 和 Newman[26]提出了著名的 GN 算法，GN 算法定义了连边的边介数概念，某条连边的边介数表示为"网络中经过该连边的任意两点的最短路径的条数"。边介数越大，连边作为社区之间连边的可能性越大，因为社区间连边的边介数应大于社区内连边的边介数。GN 算法在删除某条连边后，会再次计算边介数，再删除边介数最大的连边，如此反复计算，直至找到满意的社区划分为止。

GN 算法出现之后，研究者就如何快速有效地计算边介数和重新定义社区间连边度量指标两方面展开了深入研究。Tyler 等[27]采用蒙特卡洛方法估算部分连边的近似边介数，而不去计算全部连边的精确边介数,提高了 GN 算法的计算效率。Radicchi 等[28]设计了连边聚类系数(link clustering coefficient)代替 GN 算法中的边介数,金弟等[29]提出了结构相似度(structural similarity)取代边介数,上述两种替代边介数的算法,均针对特定的稀疏网络结构进行设计,提高了算法的计算效率,但不一定适用于所有类型的网络。

(2)基于模块度优化的思路。2004 年,Newman 和 Girvan[30]设计了一个用于衡量社区结构优劣的量化函数,即模块度函数 Q:

$$Q = \frac{1}{2m} \sum_{ij} \left(A_{ij} - \frac{k_i k_j}{2m} \right) \delta \left(C_i, C_j \right) \tag{1-1}$$

式中, A_{ij} 为邻接矩阵; m 为网络总边数; k_i、k_j 为节点的度值; C_i 为节点所属的社区;当 $C_i = C_j$ 时, $\delta \left(C_i, C_j \right) = 1$;否则 $\delta \left(C_i, C_j \right)$ 为 0。基于模块度的社区结构挖掘,其核心思想就是以模块度为目标函数进行优化,选择使得模块度最大的划分为最优社区结构,该方法已经成为社区结构挖掘领域的主流方法。

自模块度被提出以后,基于模块度的社区结构挖掘研究从两个方面不断深入。一方面是基于模块度的优化算法研究,Newman[31]首先提出了一种基于模块度优化的社区结构挖掘方法——FN(fast Newman)算法,该算法策略是选择使模块度增加最大(或减小最少)的社区进行合并,从初始的每个节点代表一个社区开始,直至所有节点属于一个社区,最终输出一棵层次聚类树,选择对应模块度最大的社区划分为最终结果。自此之后,Guimerà 和 Amaral[32]提出了基于模拟退火的模块度优化算法,Liu[33]等提出了基于局部相似性的模块度优化算法,其他学者也提出了诸多针对模块度的优化算法,这里不再一一列举。基于模块度的社区结构挖掘研究的另一方面是对模块度指标进行改进,文献[34]将模块度的定义拓展到了加权网络,这时式(1-1)中k_i、k_j代表节点所有连边的权重之和,m是所有边的总权重。文献[35]给出了有向网络的模块度定义:

$$Q_d = \frac{1}{m} \sum_{ij} \left(A_{ij} - \frac{k_i^{\text{out}} k_j^{\text{in}}}{2m} \right) \delta \left(C_i, C_j \right) \tag{1-2}$$

其中,k_i^{out}、k_j^{in}分别为节点的出度和入度。同样,如果k_i^{out}、k_j^{in}代表节点所有连边的权重之和,m是所有边的总权重,式(1-2)可以拓展到有向加权网络。

(3)基于启发式的思路。基于启发式的社区结构挖掘方法的核心思想是基于对网络社区结构的某些直观假设,利用合理的启发式规则,快速找到网络的最优或者近似最优的社区划分。现将关于启发式社区结构挖掘的研究思路归纳为三类:基于标签传播算法(label propagation algorithm,LPA),基于动力学的方法及基于仿生计算的方法。

2007年,Raghavan等[36]提出了著名的LPA,该算法将每个节点初始化为唯一社区标签,每次迭代中,每个节点采用大多数邻居的标签来更新自身的标签,当所有节点的标签与其多数邻居的标签相同时,计算结束,具有相同标签的节点形成一个社区。后续学者在LPA的基础上进行了深入研究,不再赘述。

2007年,Yang等[37]针对符号网络社区结构挖掘问题,提出了基于Markov随机游走模型的动力学社区结构挖掘算法,该算法假设从给定的社区出发,网络中的随机游走过程到达起始社区内节点的期望概率大于到达社区外节点的期望概率。基于该启发式规则,算法首先计算出在给定时刻随机游走过程到达所有节点的期望转移概率分布,进而根据该分布的局部一致性(同社区节点具有近似相同的期望转移概率分布)识别出各个不同的社区。文献[38]利用随机游走策略,提出了一种水军(Sybil)社区检测方法——Sybil Defender,该方法基于微博关注关系建立了网络用户关系网络,Sybil 节点组成水军社区,用 S_Region 表示,水军用户称为 Sybil 节点;正常用户组成 H_Region 社区,正常用户称为Honest 节点。始于不同社区的随机游走应以较大的可能性遍历本社区的节点。由于 H_Region 的节点规模远大于 S_Region,因此只要随机游走的路径足够长,始于不同社区的随机游走所遍历的节点数量就会呈现出较大的差异,从而可以区分 Honest 节点和 Sybil 节点。

基于仿生计算的社区结构挖掘方法,主要侧重于蚁群算法和遗传算法,Liu 等[39]针对邮件社交网络,提出了一种基于蚁群聚类算法的社区探测方法。金弟等[40]从仿生角度出发提出了一个基于 Markov 随机游走的蚁群算法,以随机游走模型作为启发式规则,通过集成学习的思想将蚂蚁的局部解融合为全局解,并用其更新信息素矩阵,通过"强化社区内连接,弱化社区间连接"这一进化策略逐渐呈现出网络的社区结构。2007 年,Tasgin[41]第一次将遗传算法应用于社区结构挖掘,给出了一种适合字符串编码的单路交叉操作,并对一些小规模网络进行了验证。之后,何东晓等[42]和金弟等[43]都对遗传算法应用于社区结构挖掘进行了不同程度的改进,都获得了较高质量的社区结构。

2)重叠社区结构挖掘研究

一个节点可以同时属于多个社区,这种特征称为社区结构的重叠特征。在真实网络中，社区的重叠现象十分明显，因此重叠社区结构的挖掘方法也是研究热点之一，以下是三类具有代表性的实现思路，分别为基于团渗理论、基于连边聚类及基于局部扩展的思路，这里只阐述其核心思想及有代表性的算法。

(1)基于团渗理论的方法。基于团渗理论的方法的核心思想是将社区视为由一些团(全连通子图)构成的集合,这些团之间通过共享节点紧密连接。2005 年，Palla 等[44]提出了团渗算法(clique percolation method，CPM)，将社区视为一系列彼此连通、大小为 k 的团的集合，称为 k 团。相邻 k 团有 $k-1$ 个公共节点，彼此连通的 k 团能够通过若干个相邻 k 团互相到达，每个 k 团仅属于唯一的社区，属于不同社区的 k 团可能共享若干个节点。因此，找出网络中的全部 k 团，建立团重叠矩阵，即可发现重叠社区。之后，Farkas 等[45]将 CPM 推广应用于有向加权网络的重叠社区探测，而 Kumpula 等[46]则对其进行改进，提出了一种连续团渗(sequential clique percolation，SCP)算法，获得了较快的运算速度。

(2)基于连边聚类的方法。传统的社区结构挖掘都是从节点的角度出发，把节点看成研究对象，根据节点之间的紧密程度，把它们聚合成一个个社区。基于连边聚类的社区结构挖掘的核心思想是从边的角度出发，按照边之间的相似度对网络进行社区划分，由于连边聚合形成的社区间可能会出现一些重叠的节点，所以它天然地对应了节点的重叠社区结构，避免了重叠节点对结果的影响。2009 年,Evans 和 Lambiotte[47]首次提出了基于连边聚类的重叠社区结构挖掘算法，他们首先通过"用边表示节点，用节点形成边"的方法，将原始网络转化为线图；然后选择已有的节点划分算法获取社区结构。Ahn 等[48]定义了连边相似度和分区密度，采用凝聚算法逐一合并相似度最大的连边，并且选择使分区密度最大的连边独立社区划分作为最终结果。此外，利用线图探测复杂网络重叠社区的研究思路还被 LGPSO[49]算法所采用。

(3)基于局部扩展的方法。基于局部扩展的社区结构挖掘，核心思想是基于局部最优化的思路，挖掘局部特性，不断从网络中探测出局部社区。如果网络具有重叠社区结构，那么这些被发现的社区则天然呈现重叠现象。LFM(local fitness measure)算法[50]是具有代表性的局部扩展方法。LFM 定义了社区适应度和节点对社区的适应度函数，先从随机选择的一个种子节点出发，通过不断向外扩张构建社区，直至社区适应度函数达到局部最优为止，获得一个社区后，再随机选择未并入任何社区的节点作为新种子，重复执行以上所有操作直至每个节点都至少被并入一个社区，从而获得能够覆盖整个复杂网络的若干社区。文献[51]和[52]中提及的算法与 LFM 算法类似，它们仅在初始社区选择和节点合并策略上有所不同。

1.3.3　网络行为分析研究现状

我们可从不同的角度对现有的网络行为分析研究进行分类。从技术途径的角度来看，统计分析[53-58,70]、机器学习[59-63]及时序行为建模[63-69]是三类主要的技术实现方法，其中基于机器学习的网络行为分析为目前研究的主流方向。从技术应用的角度来看，现有网络行为分析研究的应用方向可归纳为三类，分别为目标属性挖掘[71-73]、目标关联关系挖掘[74-76]及目标行为预测[77,78]。下面将从技术应用的角度，逐一对网络行为分析研究现状进行介绍。

1. 面向目标属性挖掘的网络行为研究

面向目标属性挖掘的网络行为研究目的在于通过对网络目标行为的分析，挖掘能够反映目标相关属性的信息，从而辅助业务人员进行属性判断。按照 TCP/IP 网络体系架构，这里的网络目标具有层次特征，如物理层的信号或线路，网络层的 IP 地址或局域网等，辅助属性判断的行为特征同样分布于网络的多个层次、多个维度。一般而言，目标属性的判断分为两种方式，一种是硬判决，即是或非，另一种为软判决，输出一个表征目标属性置信度的概率值。

随着 IEEE 802.11 系列标准的普及，无线局域网(wireless local area network，WLAN)作为有线网的补充，被广泛应用于机场、学校、公司等公共区域。局域网中的 WLAN 流量占网络总流量的比例是多少？特定网络流量是否来自于 WLAN 终端？这些问题的解答有助于更加准确地优化网内资源配置等问题，如无线接入点(wireless access point，WAP)的分配。文献[71]提出了一种针对网络中 TCP 流量的 WLAN 属性判断方法，其应用场景如图 1-9 所示，在局域网的主干链路上被动采集 TCP 流量，并提取发往相同终端的相邻 TCP-ACK 数据包之间的时间间隔信息，分析发现来自无线终端和来自有线终端的数据包间隔表现出了较大的差异性。基于这种差异，文献[71]设计了一种迭代式贝叶斯推理算法，该算法不仅能够估计出网络中的 WLAN 流量占比，而且可以给出特定 TCP 流量是 WLAN 流量的置信度。

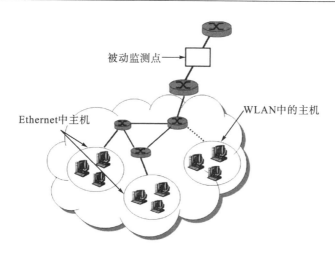

被动监测点

Ethernet中主机

WLAN中的主机

图 1-9　网络 TCP 流量的 WLAN 属性判断方法应用场景

随着网络加密及虚拟专用网络(virtual private network，VPN)的发展，越来越多的网络流量无法从协议号等外在信息判断其业务类型，如何对基于 VPN 的 Web 流量进行识别？并对 Web 流量的流向(目的地)进行判断？无论从网络运营还是从网络监控的角度，这些问题都是亟需解决的热点问题。文献[72]采用流量分析的方法，对基于 SSL-VPN 的 Web 流量进行了闭集识别，其应用场景如图 1-10 所示，提取的流量行为特征包括报文长度、报文达到时间间隔、突发报文数及时间窗等，基于这些特征信息，构建了贝叶斯网络分类模型，该模型的检测率能达到 97%以上。

2. 面向目标关联关系挖掘的网络行为研究

面向目标关联关系挖掘的网络行为研究旨在通过度量目标之间行为模式的相似性来挖掘目标之间隐含的关联关系。按目标是否属于同一类型，目标关联关系可分为同质目标关联关系和异质目标关联关系。

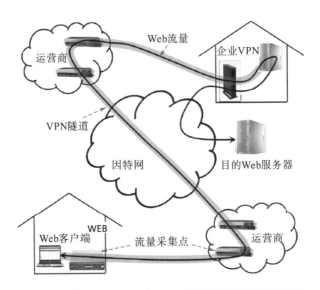

图 1-10　基于 SSL-VPN 的 WEB 流量闭集识别应用场景

（1）同质目标的关联。同质目标是指同一类型的目标，对于同质目标的关联，基于目标交互对象的相似性来度量目标的关联关系是常用的方法[79]，这里的交互对象是指与目标发生联系的对象的结合，如通信对象、购买的物品或出现的空间位置等。通过比较两个目标的交互对象的重合度来度量目标间的相似程度，若相似性超过一定的阈值，则认为两个目标存在关联关系。这里假设两个目标为 u_1 和 u_2，令 $S(u_1)$ 表示目标 u_1 的交互对象集合，$S(u_2)$ 表示目标 u_2 的交互对象集合，则用户 u_1 和 u_2 的相似度可如下定义（注：也可以通过 Pearson 相关系数或夹角余弦来计算）：

$$\rho_{12} = \frac{|S(u_1) \cap S(u_2)|}{|S(u_1) \cup S(u_2)|} \tag{1-3}$$

具体到电商领域，$S(u_1)$ 表示用户 u_1 购买的商品集合；$S(u_2)$ 表示用户 u_2 购买的商品集合；ρ_{12} 则是用户 u_1 和 u_2 的相似度；如果 ρ_{12} 大于一定的阈值，则可以将一方购买的商品推荐给另一方。

除了利用交互对象的相似性，也可以基于目标的时间演化相似性来度量它们之间的关联关系，这里的时间演化是指目标特定属性随时间的变化曲线，如反映目标通信量的流量曲线等，通过度量目标时间演化曲线之间的相似性来衡量目标的关联程度。文献[80]提出了一种多数据流上的谱聚类算法，用以对数据流之间的耦合关系(关联关系)进行度量，针对上海交易所的股票涨跌曲线进行了实验，能够将属于同一板块和相近板块的股票有效关联在一起。此外，文献[81]、[82]同样研究了不同用户之间行为模式的相似性，以及由此反映的更深层次的用户之间的关联关系。文献[81]通过社交网络用户在时空二维空间上的分布行为，挖掘任意两个用户之间的社交关系，同时提供了量化用户之间关联程度的概率推理框架，分析了不同时空粒度下推理的精度问题。文献[82]同样致力于挖掘用户之间的关联关系，但需要的时空粒度更小，普适性不及文献[81]中的方法。

(2)异质目标的关联。异质目标是指不同类型的目标，对于异质目标的关联，典型的应用场景为电商领域的用户与商品的关联，用以向用户推荐合适的商品。用户与特定商品之间的关联程度反映了用户购买该商品的可能性。关联实现的途径往往有两种方式，一种方式是基于用户之间的相似性，为用户推荐与该用户相似的其他用户所购买的商品，称为基于用户的协同过滤方法[74,75]。另一种方式是基于物品之间的相似性，为用户推荐与该用户购买过的商品相似的其他商品，称为基于物品的协同过滤方法[76]。以基于用户的协同过滤方法为例，用户对物品的关联程度(或称喜好程度)可以通过式(1-4)来计算：

$$r_{uv} = \sum_{u^* \in N(u) \bigcap W(v)} \rho_{uu^*} \cdot r_{u^*v} \tag{1-4}$$

其中，$N(u)$ 为与用户 u 相似度超过一定阈值的其他用户集合；$W(v)$ 为喜欢过物品 v 的用户集合；r_{u^*v} 为用户 u^* 对物品 v 的喜好程度（评分）；ρ_{uu^*} 为用户之间的相似程度。

3. 面向目标行为预测的网络行为研究

面向目标行为预测的网络行为研究在对目标进行长时间观测并记录与目标相关的大量元数据信息的基础上，分析挖掘目标的行为模式，加深对目标行为规律的认识，如周期性规律、通信信号的稳定性规律等。

文献[77]统计分析了社交网络 Facebook 上大量用户的发送信息数量、发送信息类型等行为元数据，发现了用户的社交行为具有明显的周期性，以天、星期或季度为周期，且处于同一社会团体（如学校）的用户之间呈现出相似的行为规律。文献[83]针对受噪声污染及不完备的行为事件流，利用信息熵理论对行为模式的周期进行估计，算法在测试数据集上表现出了较好的鲁棒性。用户行为模式的周期性使得可以对用户未来的行为进行预测，同时也可以利用用户行为之间的关联性对用户行为进行预测[84,85]。文献[84]的研究发现，用户在线上的行为活动之间具有较强的相关性，这导致用户的后续行为能够被预测，如果用户行为发生的时间信息能够被利用，预测的准确率将更高。文献[78]基于社交网络的社交关系及其位置服务，发现了社交关系和用户地理位置之间的关联性，并以此建立了关联模型，从而利用用户的社交关系及用户"朋友"的地理信息实现用户地理位置的预测。这项研究有助于提升基于位置服务（location based service，LBS）的用户体验。另外，麻省理工学院的

Reality Mining 项目组[86]同样发现，不同类型的手机用户在地理空间上的分布熵具有较大的差异，某些用户(如教员)的空间分布熵很低，意味着他们在空间上的分布行为容易被预测，而另一些用户(如学生)则具有较高的信息熵，即不确定性较大，他们的行为不容易被预测。

1.4 本书的主要内容与章节安排

本书组织结构如图 1-11 所示，主要内容包括四部分，分别为网络结构分析研究、网络行为分析研究、技术实验验证及拓展研究。其中网络结构分析研究的内容，包括基于跳数矩阵的隐含网络结构推理和基于社区结构挖掘的业务网络发现；网络行为分析研究的内容包括通信网络多层多维多尺度目标行为实证分析、基于朴素贝叶斯的网络目标属性挖掘和基于谱聚类的网络目标关联关系挖掘；技术实验验证部分针对通信系统网络重点介绍系统组成和工作原理；拓展研究内容是指基于有向图模型的网络异常目标检测，这部分内容从技术层面仍属于网络结构分析技术分支。

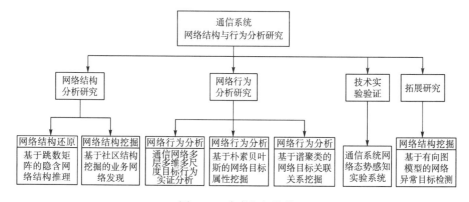

图 1-11　本书组织结构

第2章 基于跳数矩阵的隐含
网络结构推理

2.1 引　言

本章内容属于网络结构分析技术中的网络结构还原技术分支。网络结构还原(网络结构测量)，尤其是针对 Internet 的结构测量一直是学术界、工业界的研究热点。目前，已出现四类主要的网络结构还原方法。

第一类是主动测量方法[2]，该方法通过向网络中注入 traceroute 探测包来获取任意两点间的传输路径，再由大量的传输路径融合形成整体网络结构。这类方法有原理简单、测量准确等优点，但适用性差，存在别名解析[4]和网络内部节点协作问题，且随着信息安全越来越受到重视，节点不协作的情况会大量出现。第二类是网络层析成像[6]，该方法通过在网络终端节点之间主动发送探测包来收集端到端的时延信息，然后借助统计学的方法推断网络结构[6]。由于该方法需要主动向网络中注入探测包，严格地讲，网络层析成像也是主动测量方法的一种，只是探测包需要特殊设计，使其容易获取时延信息，虽然不依赖于网络内部节点的协作，但存在终端测量节点的时钟同步问题。网络结构还原的第三类方法是被动测量方法[87-89]，如基于网络路由协议解析的被动测量方法，通过解析网络路由协议包(如 OSPF 协议包、BGP 协议包等)来还原网络结构，这类方法简单易行，准确性强，但对相关协议数据的依赖性很强。而在实际网络流量中,这类数据包占全部网络流量的比例往往很低,且由于协议包数量有限,解析得到的网络结构很可能是局部的。第一类和第二类方法在无法对网络进行探测的情况下不再适用,如专用物理隔离网络。特定情形下,如果流量数据中存在路由协议数据,则可以应用第三类方法还原结构,否则需要利用其他信息实现结构还原,即网络结构还原的第四类方法:基于跳数信息的结构推理方法[90]。根据路由器工作原理,IP 数据包每经过一个路由器,TTL 值将减一,所以数据包首部的 TTL 字段能够直接反映两个终端之间的路由距离(即路由跳数),对于具有 N 个 IP 终端的网络,任意两点间的跳数距离将形成 $N \times N$ 的跳数矩阵,这类方法就是基于此跳数矩阵来对网络结构进行推理。

文献[90]提出了一种基于跳数矩阵的网络结构推理算法,该算法属于被动测量方法,不存在主动测量方法所要求的节点协作和终端同步问题,同时不依赖路由协议。文献[90]假设跳数矩阵是完备的,即任意终端间的跳数信息都能获取,但在实际被动测量环境下,探测点部署数量有限,导致部分跳数信息难以获取,即跳数矩阵是不完备的。如何在跳数缺失的情况下进行结构推理,同时定量刻画跳数缺失程度与结构还原准确率的关系是难点。文献[91]提出了一种可适用于不完备跳数矩阵的节点融合方法来还原结构(以下称节点融合方法),该方法首先生成一个满足跳数矩阵的冗余网络,在保证当前结构满足非缺失跳数的条件下,采用贪婪策略对冗余节点进行合并,逐步生成满足跳数矩阵且路由规模最小的网络。节点融合方法的每一次合并操作,都会找出所有能够合并的节点对,尝试每一对合并后得到的新网络中能够继续合并的节点对数，选取能够继续合并的节点对数最多的节点对进行合并。与此不同，本书介绍的基于不完备跳数矩阵的结构还原方法，是按节点复用率最大的原则，采用调整连边和逐步加入新节点的节点增长策略，使推理后结构的节点间距离满足非缺失跳数要求，同时缺失的跳数可通过推理结构中相应节点间的距离进行估计。节点融合方法采用节点合并的策略，本书方法采用节点增长策略，两者在运算效率及还原准确率上都存在差异。书中采用 HOT (heuristically optimized topologies) 模型[92,93]生成仿真网络结构数据，介绍基于仿真数据的结构还原实验结果，并对算法性能进行分析，结果表明在跳数缺失比例小于20%的情况下，算法的结构还原准确率能达到80%以上。其次，本书策略与节点融合方法进行性能比较，在节点规模较大的情况下，结构还原准确率和运行效率性能更优。

2.2　基　本　概　念

2.2.1　隐含网络结构

从 IP 数据包的首部可以提取源 IP 地址、目的 IP 地址，这些 IP 地址大多是网络通信终端。终端之间的通联需经过路由器转发才能完成，然而无法从 IP 数据包中直接提取传输路径上路由器的标识及路由器之间的连接关系。通常这种由路由器连接形成的路由结构定义为隐含网络结构，如图 2-1 中虚线连接部分。本书基于跳数矩阵的结构还原主要推理得到的是这部分网络结构。

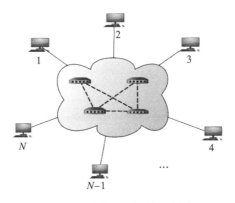

图 2-1　隐含网络拓扑示意图

2.2.2　跳数矩阵

　　IP 数据包中，除了可以提取源地址和目的地址，还可以得到 TTL 值。该值表征了 IP 数据包传输过程中经历的路由器个数，并由此推算出两终端之间的通联跳数(或称通联距离，即终端之间链路的数目)。为便于问题分析，现做如下假设：

　　(1)数据包传输路径为两终端间的最短路径。从数据传输效率的角度来讲，最短路径意味着较短的传输延时，故该假设是合理的。

　　(2)数据包传输路径具有对称性，即从终端 A 到 B 的传输路径与从 B 到 A 的传输路径相同。考虑到本算法适用于局域网，如专用网络，或者是单个自治域的公众通信网，在如此规模的网络内部，数据的传输路径基本对称。

　　(3)网络测量期间，网络结构是稳定不变的。网络结构的稳定是进行结构推理的必要条件，对于网络结构动态变化的情况，可在不同的时间段分别进行结构推理。

　　基于上述假设，用 $T=\{1,2,\cdots,N\}$ 表示终端集合，H 表示跳数矩阵，

H_{ij} 表示终端 t、$k(1 \leqslant k \leqslant m)$ 之间的跳数，但不包括路由器与终端之间或路由器与路由器之间的跳数。由于跳数信息的缺失，H 不完备，即存在某些元素为空，对于图 2-2 所示的网络而言，H 表示为

$$H = \begin{bmatrix} 0 & \varnothing & 5 & 5 & 5 & \varnothing & 5 & 4 \\ \varnothing & 0 & 4 & 4 & \varnothing & 5 & 5 & 4 \\ 5 & 4 & 0 & 4 & 4 & 5 & \varnothing & 5 \\ 5 & 4 & 4 & 0 & 4 & 5 & 4 & 4 \\ 5 & \varnothing & 4 & 4 & 0 & 4 & 4 & 5 \\ \varnothing & 5 & 5 & 5 & 4 & 0 & \varnothing & 5 \\ 5 & 5 & \varnothing & 4 & 4 & \varnothing & 0 & 4 \\ 4 & 4 & 5 & 4 & 5 & 5 & 4 & 0 \end{bmatrix} \tag{2-1}$$

H 具有如下性质：

(1) $H_{ii}=0\,(i \in T)$，即 H 的对角线元素为 0；

(2) $H=H^{T}$，即 H 为对称矩阵。

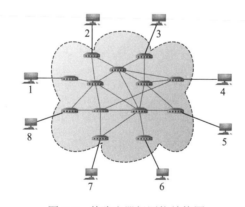

图 2-2　某路由器级网络结构图

2.3　基于跳数矩阵的隐含网络结构推理算法

隐含网络结构推理算法的基本思想是通过点、边的增删、调整，使

当前结构中终端之间的最短距离等于跳数矩阵相应的非缺失元素，用 $\hat{H}$ 表示当前结构的跳数矩阵，并与 H 比较。若 $\hat{H}_{ij} = H_{ij}\left(H_{ij} \neq \varnothing\right)$，表示当前结构就是最终结构推理结果；若 $\hat{H}_{ij} \neq H_{ij}\left(H_{ij} \neq \varnothing\right)$，则首先考虑不改变节点规模的条件下，通过调整连边(即增加或删除连边)使节点对之间的距离符合最短距离要求。如果某些节点对之间的最短距离无法通过调整连边来满足，则考虑逐步加入新的路由节点，并进一步调整连边，直到 $\hat{H}_{ij} = H_{ij}\left(H_{ij} \neq \varnothing\right)$。结构推理过程中，会生成一结构序列，这一结构序列最终收敛到目标网络结构。结构推理的中间结果统一记为 $\hat{H}$。算法流程如图 2-3 所示。

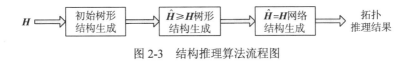

图 2-3　结构推理算法流程图

具体可分为三个步骤，分别是：

(1)初始树形结构生成。从终端集合中，选取某一终端作为根节点，按照路由节点复用率最高的原则生成初始树形结构，并由结构邻接矩阵生成跳数矩阵 $\hat{H}$。

(2) $\hat{H} \geqslant H$ 树形结构生成。基于初始树形结构，考察满足 $\left\{i \,\middle|\, \exists j \in T, \text{s.t.} \hat{H}_{ij} < H_{ij}\right\}$ 的终端，通过路由节点或连边的增删，使跳数矩阵的所有非缺失元素满足 $\hat{H}_{ij} \geqslant H_{ij}\left(H_{ij} \neq \varnothing\right)$，其中点和边的增删同样遵循路由节点复用率最高的原则。

(3) $\hat{H} = H$ 网络结构生成。基于 $\hat{H} \geqslant H$ 树形结构，考察满足 $\left\{i \,\middle|\, \exists j \in T, \text{s.t.} \hat{H}_{ij} > H_{ij}\right\}$ 的终端。与步骤(2)类似，通过路由节点或连边的增删，使跳数矩阵的所有非缺失元素满足 $\hat{H}_{ij} = H_{ij}\left(H_{ij} \neq \varnothing\right)$，其中点和

边的增删遵循路由节点复用率最高的原则。此时网络结构的邻接矩阵为最终结果，且 $\hat{H}_{ij}\left(H_{ij} \neq \varnothing\right)$ 为缺失跳数的估计值，推理过程结束。

下面将详细介绍上述步骤的具体细节。

2.3.1 初始树形结构生成

从终端集合 T 中选取那些跳数缺失信息最少的终端作为初始树形结构的根节点，记为 Root $\in T$。由跳数矩阵 $\boldsymbol{H}$ 的第 Root 列构建 Root 到其他终端的距离向量，记为 $V_{\text{Root}} = \left[H_{1,\text{Root}}, \cdots, H_{\text{Root-1,Root}}, H_{\text{Root+1,Root}}, \cdots, H_{N,\text{Root}}\right]$。依据路由节点复用率最高的原则，由 V_{Root} 构建以 Root 为根节点、其他终端为叶节点的树形结构。以上述跳数矩阵为例，令 Root=3，则初始树形结构如图 2-4 所示。

图 2-4 中，节点 1~8 为终端，节点 10~17 为接入路由，每个终端有且只有一个接入路由，节点 19、20 为转发路由，由于 $H_{37} = \varnothing$，节点 7 未在初始树中出现，此刻，节点 7 到其他节点的距离皆为无穷(用 INF 表示)。这里对节点在树形结构中的层次进行编号，可得到编号向量，

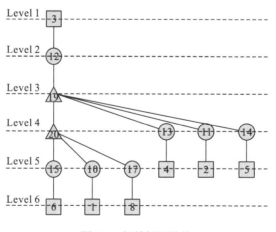

图 2-4　初始树形结构

记为 Level，编号向量的索引为当前所有节点的顺序排列。由于后续会有新的路由节点加入，故 Level 的长度可变。Level 在确定节点的插入位置时起关键作用，在随后的推理过程中，这一作用将得以体现。初始树形结构生成的算法流程见算法 2-1。

算法 2-1 初始树形结构生成算法

初始化：

（1）记录终端个数，EndNum=size(T)，并计算各终端对应的跳数向量中非空值的个数，$N_i = \text{size}\left(\{j \mid H_{ij} \neq \varnothing,\ j \in T \mid i\}\right)$，从 N_i 取值最大的终端集合中随机选取某一终端作为根节点，

$\text{Root} = \text{random}\left(\left\{i \mid N_i = \max_{j \in T}\left(N_j\right)\right\}\right)$；

（2）从跳数矩阵提取 Root 的跳数向量，$V_{\text{Root}} = \left[H_{j,\text{Root}} \mid H_{j,\text{Root}} \neq \varnothing,\ j \in T / \text{Root}\right]$，并记录

$\text{Max}H = \max\left(V_{\text{Root}}\right)$。

主要步骤：

（1）确定各终端的层次编号，$\text{Level}i = H\left(\text{Root}, i\right) + 1$，$i \in [1, \text{EndNum}]$；

（2）为各终端 i 分配接入路由，编号为 $i+$EndNum，确定各接入路由的层次编号，$\text{Level}(i) = \text{Level}(i-\text{EndNum})-1$，$i \in [\text{EndNum}+1, 2 \times \text{EndNum}]$；

（3）令 $\text{RouNum} = \text{Max}H - 3$ 为转发路由的最少个数，编号 $\{2 \times \text{EndNum}+1, \cdots, 2 \times \text{EndNum} + \text{RouNum}\}$，依次连接转发路由，确定各转发路由的层次编号，$\text{Level}(i) = i - 2 \times \text{EndNum} + 2$，$i \in [2 \times \text{EndNum}+1, 2 \times \text{EndNum}]$；

（4）计算树形结构的邻接矩阵 **GTreeAdj** 和跳数矩阵 $\hat{H}$。

2.3.2 $\hat{H} \geqslant H$ 树形结构生成

图 2-4 的初始树形结构只满足了根节点到其他终端的最短距离要求，仍存在终端之间的最短距离小于跳数矩阵对应元素的情况，即 $\left\{(i,j) \mid \hat{H}_{ij} < H_{ij},\ H_{ij} \neq \varnothing\right\}$，此时需要调整连边或增加新的路由节点，使跳数矩阵的所有非空元素满足 $\hat{H}_{ij} \geqslant H_{ij}\left(H_{ij} \neq \varnothing\right)$。其中，边的调整优先于新节点的加入。举例说明，若 $(t_1, t_2) \in \left\{(i,j) \mid \hat{H}_{ij} < H_{ij},\ i、j \in T\right\}$，则首先断开其中一个终端与其上层节点的连接。假设这个终端为 t_1，在 t_1 的上层路由节点中随机选取一个节点与 t_1 连接，同时保证 t_1 到其他终端的最短距离不小于跳数矩阵对应元素。若这样的节点存在，则本次调整完

毕，否则需要在 t_1 的上层插入新的路由节点 r_1，并考虑 r_1 与其上层节点的连接，采取相同的策略，直至 t_1 到其他终端的最短距离都不小于跳数矩阵对应元素。初始树形结构经过上述调整，可以得到图 2-5 所示的树形结构，该结构满足 $\hat{H}_{ij} \geq H_{ij}\left(H_{ij} \neq \varnothing\right)$。

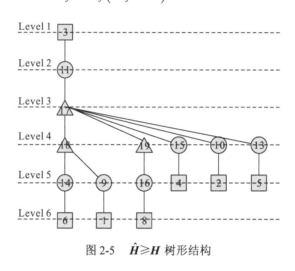

图 2-5 $\hat{H} \geq H$ 树形结构

在得到 $\hat{H} \geq H$ 树形结构的过程中，依然采取了路由节点复用率最高的贪婪策略，这一策略尽可能地保证了当前路由规模是满足 $\hat{H}_{ij} \geq H_{ij}\left(H_{ij} \neq \varnothing\right)$ 的最小规模。上述推理过程中，确定新路由节点的插入位置是关键。为了保证 $\hat{H}_{\text{Root},i} = H_{\text{Root},i}\left(i \in T \,|\, \text{Root}\right)$ 成立，每个节点必须与至少一个上层节点连接，这样在当前节点规模无法满足某些节点对的最短距离要求时，总是在当前考察节点的上层插入新的路由节点。$\hat{H} \geq H$ 树形结构生成的算法流程见算法 2-2。

算法 2-2 $\hat{H} \geq H$ 树形结构生成算法

初始化：

计算初始树形结构的邻接矩阵 **GTreeAdj** 和跳数矩阵 $\hat{H}$。

主要步骤：

(1) 扫描 $\hat{H}$，定位满足 $\left\{(i,j)\,|\,\hat{H}_{ij} < H_{ij},\ H_{ij} \neq \varnothing\right\}$ 的节点对集合，记为 $S_{\hat{H} \geq H}$，若 $S_{\hat{H} \geq H} = \varnothing$，则返回跳

续表

数矩阵 $\hat{H}$ 和邻接矩阵 **GTreeAdj**，否则在该集合中随机选择一对节点，源节点记为 Src，令 $R\_cur=$Src+EndNum，执行步骤(2)；

(2)记录与 R_cur 不连接的上层路由节点，记为 NodeSet，删除 R_cur 与上层路由节点的连边，若 NodeSet=$\varnothing$，则执行步骤(3)，否则执行步骤(4)；

(3)在 Level(R_cur)−1 层插入新的路由节点 R_new，连接 R_cur 和 R_new，并为 R_new 生成层次编号 Level(R_new)=Level(R_cur)−1；同时为 R_cur 赋新值 $R\_cur=R\_new$，返回步骤(2)；

(4)在 NodeSet 中随机选取一个路由节点 Rou$T$，并与 R_cur 连接，计算跳数矩阵 $\hat{H}$，若集合 $\{i\,|\,\hat{H}(R\_cur,i)|<H(R\_cur,i)\}\neq\varnothing$，则返回步骤(1)，否则在 NodeSet|Rou$T$ 中重新选择路由节点，若这样的路由节点不存在，返回步骤(3)。

2.3.3　$\hat{H}=H$ 网络结构生成

对于 $\hat{H}\geqslant H$ 树形结构，若条件 $\{(i,j)\,|\,\hat{H}_{ij}>H_{ij},\ H_{ij}\neq\varnothing\}$ 能够得到满足，则表明当前结构就是最终推理结果，否则需要进一步调整连边或增加新的路由节点，使跳数矩阵的所有非空元素满足 $\hat{H}_{ij}=H_{ij}\,(H_{ij}\neq\varnothing)$。以 Root 为根节点的树形结构，总能满足 $\hat{H}_{\mathrm{Root},i}=H_{\mathrm{Root},i}\,(i\in T\,|\,\mathrm{Root})$，所以针对满足 $\{(i,j)\,|\,\hat{H}_{ij}>H_{ij},\ H_{ij}\neq\varnothing\}$ 的节点对 [Src,Dst]，采取类似于初始树形结构的构建策略，重新构建以 Src 为根节点的准树形结构。这里强调准树形结构是因为在新的树形结构中可能存在回路，此时的结构不是严格的树形结构。针对 Src 为根节点的准树形结构，重新调整终端 Dst 的层次位置，即 Level(Dst)$=H$(Src,Dst)$+1$，并采取与 $\hat{H}\geqslant H$ 树形结构类似的生成策略，使 $\hat{H}_{\mathrm{Src,Dst}}=H_{\mathrm{Src,Dst}}$。图 2-6 所示为 $\hat{H}=H$ 网络结构，是结构推理的最终结果。

$\hat{H}=H$ 网络结构推理中，寻找节点对 [Src,Dst] 之间的最短路径是关键，在这个过程中，不仅考虑了当前已经存在的连边，而且考虑了所有可能发生连接关系的连边，这些可能存在的连边的集合定义为 LinkSet。以节点 r_1、r_2 为例，r_1、r_2 满足 GTreeAdj$(r_1,r_2)=0$，当连接 r_1、r_2 后，即

$GTreeAdj(r_1, r_2) = 1$，结构中仍然不存在 $\{(i, j) \mid \hat{H}_{ij} < H_{ij}, i、j \in T\} \neq \varnothing$ 的情况，这时称边 (r_1, r_2) 为可能存在的连边。$\hat{H} = H$ 网络结构生成的算法流程见算法 2-3。

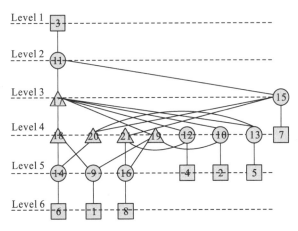

图 2-6 $\hat{H} = H$ 网络结构

算法 2-3 $\hat{H} = H$ 网络结构生成算法

初始化：

(1) 计算当前树形结构的邻接矩阵 **GTreeAdj** 和跳数矩阵 $\hat{H}$；

(2) 确定当前结构中可能存在的连边的集合 LinkSet。

主要步骤：

(1) 扫描 $\hat{H}$，定位满足 $\{(i, j) \mid \hat{H}_{ij} > H_{ij}, H_{ij} \neq \varnothing\}$ 的节点对集合，记为 $S_{\hat{H}=H}$，若 $S_{\hat{H}=H} = \varnothing$，即不存在这样的节点对，则表明网络结构生成完毕，退出操作，否则随机选择一对节点[Src,Dst]，连接 LinkSet 中的所有边，重新构建以 Src 为根节点的准树形结构，并重新生成各节点的层次编号 Level。若 $Level(Dst) > H_{Src,Dst} + 1$，执行 (2)，否则执行 (4)；

(2) 重置 Dst 及与 Dst 直接连接的路由节点 RouDst 的层次，$Level(Dst) = H(Src, Dst) + 1$，$Level(RouDst) = Level(Dst) - 1$，令 $R\_cur = R\_new$，执行 (3)；

(3) 在 $Level(R\_cur) - 1$ 层插入新的路由节点 R_new，连接 R_cur 和 R_new，并为 R_new 生成层次编号，$Level(R\_new) = Level(R\_cur) - 1$，并更新 LinkSet，执行 (4)；

(4) 在准树形结构中，寻找节点对 $[Src, Dst]$ 之间的最短路径，若这样的路径存在，则从 LinkSet 中选择满足最短距离要求的最小边子集，并更新 LinkSet，计算跳数矩阵 $\hat{H}$，返回 (1)，否则令 $R\_cur = R\_new$，返回 (3)。

2.4　算法性能分析

隐含结构推理过程中存在随机性，如算法 2-1 中根节点的选择，算法 2-2、算法 2-3 中相邻层路由节点的连接，于是推理结果同样存在随机性。具体而言，初始树形结构的根节点不同，或相邻层路由节点的连接不同，都可能导致不同的推理结果。图 2-7 表示初始树形结构选择的根节点不同而导致的不同的推理结果。图 2-7(a) 表示根节点为 2 时的结构推理结果，图 2-7(b) 表示根节点为 3 时的结构推理结果。图中虚线表示原结构中存在，而推理结果中不存在的连边。没有这些边，跳数矩阵的最短距离约束依然能够得到满足，所以可以称这些连边为原网络中的"冗余边"；图中加粗线条[图 2-7(b) 所示]表示原结构中不存在，而推理结果中存在的连边。相对于网络而言，这些边似乎是"错误边"，但包含这些错误边的推理结果是满足跳数矩阵约束的"正确解"。

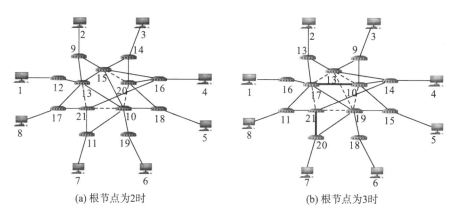

(a) 根节点为2时　　　　　　　　　　(b) 根节点为3时

图 2-7　网络结构推理结果

出现上述两种情况的根本原因在于，跳数矩阵与网络结构之间并非一对一的映射关系，即存在多个结构满足同一跳数矩阵的情况。于是，一个很自然的问题就是如何在不同的推理结果中选择与原结构最相似的结构作为最终推理结果。这是个很有挑战性的问题，需要解决不同结构之间的相似性度量，还涉及网络设计、网络优化的问题，即如何选择更合理的结构以满足实际需求。为证明隐含结构推理算法的有效性，本书没有去度量结构相似性，而采用一项弱化的指标来度量推理结果。这项指标为网络节点规模，即针对不同节点规模的网络进行结构推理，考察推理结果的节点数与原结构中的节点数的一致性。

网络结构的生成模型采用文献[92]、[93]介绍的 HOT 模型。HOT 模型的输入为网络的节点规模，包括路由节点和终端节点，两者的比例由算法随机生成。HOT 模型的输出为网络结构的邻接矩阵，据此生成相应的跳数矩阵。该模型不仅考虑了路由器级网络结构的幂律特性，而且考虑了影响网络结构生成的技术、经济等限制因素，最后还考虑了网络的层次化特征，得到了很多研究学者的认可。本书采用 HOT 模型生成不同节点规模的仿真网络结构数据，并基于这些仿真数据考察本书提出方法的性能，实验流程如图 2-8 所示。

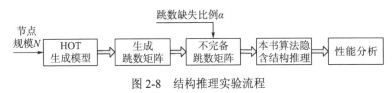

图 2-8　结构推理实验流程

2.4.1　基于完备跳数矩阵的结构推理性能分析

采用 HOT 模型生成仿真网络结构，并生成跳数矩阵，针对节点规模为 5～100 的网络进行结构推理，对特定节点规模的网络进行 100 次实验，将 100 次仿真的平均值作为该节点规模的推理结果，并计算相应的标准差。图 2-9 显示了实验仿真结果，实线表示原结构节点数与推理结果节点数的关系曲线，虚线为线性拟合结果，并给出了拟合方程。

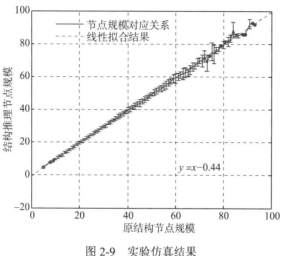

图 2-9　实验仿真结果

拟合方程能够定性地描述推理结果与原结构节点规模的一致性，但还不够直观。这里记原结构节点数序列为 x，结构推理后的节点数序列记为 y，采用相关系数来表征推理结果与原结构节点规模的一致性，计算公式为

$$r = \frac{\sum_i (x_i - \overline{x}_i)(y_i - \overline{y}_i)}{\sqrt{\sum_i (x_i - \overline{x}_i)^2 \sum_i (y_i - \overline{y}_i)^2}} \tag{2-2}$$

将仿真结果代入公式(2-2)，可得到相关系数 $r = 0.9992$。

由实验结果可以看出，结构推理后节点规模与原网络节点规模的一致性很高，但随着节点规模的增大，推理结果的方差有增加的趋势。

现对跳数矩阵完备条件下，网络的还原程度进行考察，结构还原程度的衡量指标为结构还原准确率，用 p 表示，定义为 $p = 1 - \text{gscore}$，其中 gscore 表示图编辑距离（graph edit distance，GED）[94]，取值范围为

[0,1]，gscore 值越小，p 越大，表明两个网络的相似性越大。本实验采用文献[94]介绍的方法计算得到 gscore。图 2-10 是实验结果，可见网络节点规模在 100 以下时，图编辑距离维持在 0.2 以下，结构推理结果的准确性较高。

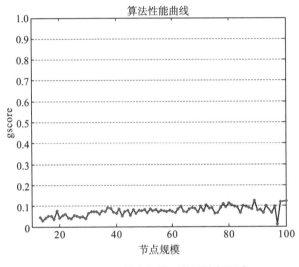

图 2-10   不同节点规模下的图编辑距离

2.4.2   基于不完备跳数矩阵的结构推理性能分析

本节实验针对节点规模为 20、40、60、100 四种情况，考察不同跳数信息缺失比例对应的结构还原程度，跳数信息缺失比例用 α 表示，定义为跳数矩阵缺失的元素个数占所有元素个数的比例。结构还原程度的衡量指标为还原准确率，定义同 2.4.1 节，用 p 表示。实验主要步骤如下：

(1)针对特定的节点规模，随机生成 10 个具有不同连接关系的网络结构。

(2)对于特定的网络结构，按一定比例随机缺失跳数信息，这里的比例范围设定为 0%～50%，针对特定的跳数信息缺失比例 α，进行 50

次结构还原实验。

(3)特定节点规模、特定跳数信息缺失比例下的实验成果共有 500 个，取平均值作为相应的结构还原准确率。

图 2-11 表示不同节点规模下，不同跳数信息缺失比例对应的结构还原程度。

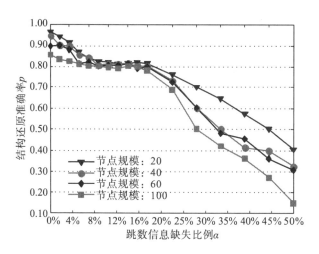

图 2-11　结构还原程度性能曲线

从图 2-11 分析，可以得到如下结论：

(1)随着跳数信息缺失比例的增大，还原准确率 p 持续下降。由 p 的下降趋势来看，当 $\alpha \leqslant 20\%$ 时，还原准确率在 80%以上，当 $\alpha > 20\%$ 时，结构还原准确率下降迅速，如果把 $p \geqslant 80\%$ 作为结构可信的判决条件，则要求跳数矩阵的跳数信息缺失比例控制在 20%以下。

(2)在 $10\% \leqslant \alpha < 20\%$ 区间内，p 变化趋势缓慢，基本维持在 80%附近。在 $0\% \leqslant \alpha < 10\%$ 区间内，随着 α 的上升，p 下降得很快，即这个区间内 p 对 α 比较敏感。

(3)相同条件下，节点规模越大，结构还原准确率越低，这与 2.4.1 节的结论相同。

本书提出的算法为被动测量环境下的不确定推理算法，与主动探测方法及路由解析方法存在本质不同，故本节实验选择文献[91]提出的节点融合方法进行性能比较。实验分为两部分，第一部分针对节点规模为40和100的情况，分别考察两种方法的结构还原程度，实验步骤及衡量指标与2.4.1节相同；第二部分针对节点规模为20、40、60、100四种情况，分别考察两种方法的运行效率。针对特定的节点规模，进行500次实验，每次实验随机生成网络结构且随机设置跳数信息缺失比例(α<20%)，计算算法运行时间，并取平均值作为相应网络规模的算法运行时间。

图2-12为两种方法的结构还原性能实验结果，从图2-12可以看出，节点规模为40的情况下，本书方法与节点融合方法的性能相差不大，但对于节点规模为100的情况，本书方法优势比较明显，原因在于节点融合方法采取节点合并策略，对于节点规模比较大的情况，相较本书的节点增长策略，更难收敛于最优解。

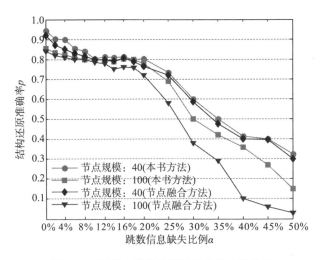

图2-12　两种方法的结果还原性能实验结果

图 2-13 为两种方法的运行效率实验结果，可以明显看出，本书方法在运行效率上明显优于节点融合方法，且节点规模越大，优势越明显。其原因仍为两者采用的节点生成策略的差异，实验结果符合预期。

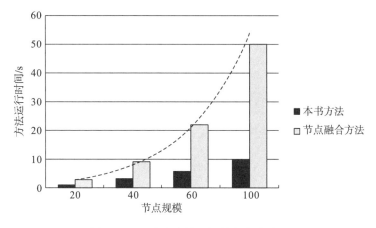

图 2-13　两种方法的运行效率实验结果

跳数属于网络数据流的外部特征，利用跳数进行结构推理是一种新颖的网络结构还原方法。基于不完备跳数矩阵的结构还原方法能够在跳数缺失比例小于 20% 的情况下，得到结果还原准确率在 80% 以上的结构还原结果，性能优于节点融合方法。该方法属于被动式网络测量方法，无须考虑主动探测带来的安全性问题，隐蔽性更好，在非合作情形下适应性较强。同时，该方法充分利用了网络数据流的外部特征，避免了对特殊路由协议数据的依赖性。对于通信系统网络而言，所面临的网络类型往往是局域网，其网络数据流中的路由协议数据占比很小，甚至不存在，故该技术的适用范围更广。

第3章 基于社区结构挖掘的业务网络发现

3.1 引　　言

本章内容属于网络结构分析技术中的网络结构挖掘技术分支。网络业务监控一直是网络管理、网络监控领域的重要内容。然而，随着网络业务越来越呈现出加密化、多样化、复杂化的特点，网络业务的精细化分和监测已成为学术界和工业界的重点研究课题。

传统网络业务监控方法包括早期的端口识别、DPI 以及基于机器学习的业务识别、监控方法。端口识别[95,96]是 IP 网络发展初期常见的业务监控手段，但随着越来越多的业务采用动态端口、端口伪装及端口封装等规避网络监控的方式后，端口识别手段已经不再适用。DPI[97-100]是目前应用最广的一类方法，该方法通过分析数据包载荷中的特征字段来识别业务。大多数协议含有一个或多个用于区分不同协议的字段，且这些字段通常是公开和易于分析得到的，这样通过检测和匹配这些字段就可以识别相应的业务。DPI 与端口识别本质上是一样的，都是确定性方法，区别在于前者利用的字段信息更多、更准确。然而，DPI 方法仍不能解决私有协议业务、加密流量下的业务识别。利用机器学习的方法来识别网络业务是近几年的研究热点，如业务聚类研究[101]，用于业务分类的朴素贝叶斯方法[102]，贝叶斯网络[103]及 SVM 方法[104]等。这类方法不涉及具体的业务承载内容，只需要特定的统计特征，不足之处在于业务识别的性能与机器学习方法的选择相关性大，且往往计算复杂度较高。

本书介绍的利用复杂网络领域的社区结构挖掘技术[33]来识别网络业务的方法，输入为网络中的 IP 终端通联数据，基于这些通联信息构建 IP 通联图，通过社区结构挖掘技术，输出 IP 通联社区，每个社区代表一种业务类型，社区内节点(IP 节点)代表相应的业务终端。假设每个 IP 终端只运行一种业务类型，显然这个假设在公众通信网中往往不合适，故这个方法适用于特定行业的专用网络。这里有针对性地选取了某通信系统专用网络数据进行实证分析，实验结果发现，与传统业务监控方法相比，该方法不仅能够有效发现各业务网络，实时监控业务网络状态，而且能对网络中出现的新业务及异常业务进行预警。

复杂网络领域中的社区结构挖掘技术已经发展了十多年，这里选择文献[33]介绍的基于邻域相似性的社区结构挖掘算法，简记为 Coversim 算法，主要基于以下几点原因：

(1)Coversim 算法基于节点的局部相似性度量，与全局相似性度量相比，局部相似性度量计算速度更快，且随着节点规模的增加，计算复杂度呈线性增长，这在大规模节点的情况下，优势明显。

(2)通过真实网络数据集测试，Coversim 算法表现出了优异的性能，优于目前主流算法。

(3)通过距离参数 α 的设置，Coversim 算法可由人工视具体情况选择聚类结果，灵活性强，具备良好的人机交互性。

IP 通信系统网络具有大量的节点和复杂的连接关系,具有和其功能相适应的结构特征,如小世界、无标度、高积聚系数和组织结构等特性。这些特性从不同的层面揭示了网络的结构特性,对于分析和判断网络的功能、演化特性具有重要的意义。业务结构从网络通信结构的角度来理解就是指内部紧密、外部松散的耦合模式,与传统的社区结构概念类似。图 3-1 是一个简单的示意图,其中节点表示 IP 地址,边表示 IP 地址之间存在通联关系。

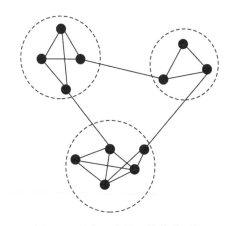

图 3-1   具有三个社区的简单网络

基于社区结构挖掘的业务网络发现技术的应用场景如下:在通信系统网络主干路由器处,部署网络数据采集器及 IP 通联元数据提取和预处理软件。各采集点输出的 IP 通联记录格式为四元组 $\{t, \mathrm{IP_{src}}, \mathrm{IP_{dst}}, \mathrm{proto}\}$,其中 t 为时间戳,表示 IP 包采集时刻;$\mathrm{IP_{src}}$ 为源 IP 地址;$\mathrm{IP_{dst}}$ 为目的 IP 地址;proto 为 IP 包头内的协议字段,利用 proto 可以对前端输入进行过滤,如只对 TCP 包所承载的业务感兴趣,可以只分析 proto = 6 时的 IP 通联记录。

这里采用集中处理模式,即各采集点的通联记录统一传输到集中处理中心，通联元数据的采样间隔 T 可由用户自定义，在特定采集间隔内，具有相同源地址、目的地址及协议类型的通联数据包只产生一次记录。

用户既可以对多个时间段的 IP 通联记录分别进行网络业务分析，进而监控网络业务的动态变化情况，也可以长时间持续收集 IP 通联记录，进行一次性业务分析。

3.2　基 本 概 念

IP 之间的通联关系是一种关系型数据，可以建模为图模型。IP 作为图中的节点，IP 之间的通信关系作为图中的边，通信次数作为边的权值。

设网络 $G = (V, E)$ 具有 n 个节点，m 条边，即

$$V = \{V_1, \cdots, V_n\}, \quad \#(V) = n \tag{3-1}$$

$$E = \{(V_a, V_b) | V_a, V_b \in V, V_a \neq V_b\}, \quad \#(E) = m \tag{3-2}$$

其邻接矩阵 $\boldsymbol{A} = \left(A_{ij}\right)_{n \times n}$ 定义为

$$A_{ij} = \begin{cases} 1, & (V_i, V_i) \in E \\ 0, & \text{其他} \end{cases} \tag{3-3}$$

网络的一个社区结构是指网络节点的一个划分 $\mathcal{C} = \{C_1, \cdots, C_c\}$，满足

$$C_a \bigcap C_b = \varnothing, \quad \forall C_a \neq C_b, \ C_a \in \mathcal{C}, \ C_b \in \mathcal{C} \tag{3-4}$$

以及

$$\bigcup_{a=1}^{c} C_a = V \tag{3-5}$$

则划分 $\mathcal{C}$ 的模块度定义为：

$$Q(\mathcal{C}) = \frac{1}{2m} \sum_{\mathcal{C} \in \mathcal{C}} \sum_{i \in \mathcal{C}} \sum_{j \in \mathcal{C}} \left(A_{ij} - \frac{k_i k_j}{2m} \right) \tag{3-6}$$

其中，$k_i = \sum_{j=1}^{n} A_{ij}$；$m = \frac{1}{2} \sum_{i=1}^{n} \sum_{j=1}^{n} A_{ij}$。

对于社区结构未知的网络，模块度反映了网络不同划分方式的差异。模块度越大，社区结构越明晰，反之亦然。因此，社区发现问题可在一定程度上转化为寻求网络的某个划分，使其具有最大的模块度取值。

3.3　基于邻域相似性的社区结构挖掘方法

基于邻域相似性的社区结构挖掘方法(Coversim 方法)，是基于对网络连接信息的充分利用，其基本思路是：首先找出节点的邻居节点，这些邻居节点与节点的距离可人工设定；然后基于节点的邻居节点定义节点之间的相似性，通过对最相似的节点进行层次化的聚合；最终输出网络的多层次社区划分，选择模块度最大的划分作为最终社区划分结果。

首先定义网络的邻域为

$$\text{Cover}(V_i, \alpha) = \left\{ V_j \middle| \text{dist}(V_i, V_j) \leqslant \alpha \right\}, \quad \forall V_i \in V \tag{3-7}$$

它表示距离节点 V_i 不超过 α 的节点集合。其中，$\text{dist}(V_i, V_j)$ 表示顶点 V_i、V_j 之间的最短距离。如果 $\alpha = 0$，它只有一个点，即 V_i 本身，$\text{Cover}(V_i, \alpha) = \{V_i\}$；如果 $\alpha = \text{diameter}(G)$，它包含 G 中全部的点，即 $\text{Cover}(V_i, \text{diameter}(G)) = V$。前者定义的邻域过于狭小，后者则过于宽泛。由于网络的社区结构是网络在其介观尺度的结构单元，过小或过大的 α 值都不利于社区结构的探测。在实际实验中可观测到，随着 α 的取值从 0 开始逐渐增大，模块度取值有一个先增大、后减小的变化过程，据此可以很快地获取最佳 α 取值。

本书的社区发现过程是自下而上的，开始时每个节点都属于单独的划分，即

$$\mathcal{C}_{(1)} = \left\{\{V_1\}, \cdots, \{V_n\}\right\}, \quad \#\left(\mathcal{C}_{(1)}\right) = n \tag{3-8}$$

然后定义两个划分间的相似性为其成员间相似性的加权均值。初始时刻 $\mathcal{C}_{(1)}$ 的每个成员集合只有一个元素，其间的相似性可以定义如下：

$$\begin{aligned} S_{ij} &= \mathrm{sim}\left(\{V_i\}, \{V_j\}\,|\,\alpha\right) = \mathrm{sim}\left(V_i, V_j\,|\,\alpha\right) \\ &= A_{ij} \cdot \frac{\left|\mathrm{Cover}(V_i, \alpha) \bigcap \mathrm{Cover}(V_j, \alpha)\right|}{\left|\mathrm{Cover}(V_i, \alpha) \bigcup \mathrm{Cover}(V_j, \alpha)\right|}, \quad \forall i, j = 1, 2, \cdots, n \end{aligned} \tag{3-9}$$

每次合并两个最相似的成员集合，不妨设合并编号为 i 的集合与编号为 j 的非空集合，新的集合编号设为 j，此时编号为 i 的集合为空集，可以从划分中删除。即按照式 (3-10) 更新划分

$$\mathcal{C} \leftarrow \left(\mathcal{C} \setminus \{C_i, C_j\}\right) \bigcup \left(C_i \bigcup C_j\right) \tag{3-10}$$

此时，按照式 (3-11) 更新合并得到的集合与其他集合的相似性：

$$S_{jk} \leftarrow S_{kj} \leftarrow \frac{N_j S_{jk} + N_i S_{ik}}{N_i + N_j}, \quad S_{ik} \leftarrow S_{ki} \leftarrow 0, \tag{3-11}$$

$$\forall k \neq i, \quad k \neq j, \quad 1 \leqslant k \leqslant n$$

其中，N_i 表示合并前编号为 i 的集合所含的顶点数目。

重复上述过程 $n-1$ 次以后，所有的点将被合并到一个集合中，于是得到一系列划分

$$\mathcal{C}_{(1)}, \mathcal{C}_{(2)}, \cdots, \mathcal{C}_{(n)}$$

满足

$$\#\left(\mathcal{C}_{(i)}\right) = n+1-i \tag{3-12}$$

即第 i 个划分由 $n+1-i$ 个不同的集合（社区、组织等）构成。然后比较这些划分的模块度取值，将取值最大的输出，作为社区发现的结果：

$$\mathcal{C}_m(\alpha) \leftarrow \arg\max_{\mathcal{C} \in \left\{\mathcal{C}_{(1)}, \cdots, \mathcal{C}_{(n)}\right\}} Q(\mathcal{C}) \tag{3-13}$$

注意，上述过程是对特定的 α 来进行的。为了获得更好的结果，将 α 从 0 开始逐渐增大，以获取最大的模块度取值。最终的结果可表示为

$$\mathcal{C}_m \leftarrow \arg\max_{0 \leqslant \alpha \leqslant d} Q\left[\mathcal{C}_m(\alpha)\right] \tag{3-14}$$

其中，$d \leqslant \mathrm{diameter}(G)$ 是一个控制参数，用于限制搜索的范围。实际搜索时可以从 0 开始，逐渐增大 α 的取值，一旦 $Q\left[\mathcal{C}_m(\alpha)\right]$ 的取值出现下降即停止搜索。综合以上算法描述，算法 3-1 给出算法伪代码。

算法 3-1　基于邻域相似性的社区划分方法

Input: IP graph $G=(V,E)$
Output: Partition $\mathcal{C}_m = \left\{C_1, \cdots, C_c\right\}$

1　$\mathcal{C} = \left\{\left\{V_1\right\}, \cdots, \left\{V_n\right\}\right\}$
2　$\mathcal{C}_m = \mathcal{C}$
3　$Q_m = Q(\mathcal{C}_m)$
4　$H \leftarrow \mathrm{newHeap}()$
5　for $\left(V_i, V_j\right) \in E$
6　$S_{ij} = \mathrm{sim}\left(V_i, V_j \mid \alpha\right)$
7　$H.\mathrm{insert}\left(S_{ij}, i, j\right)$
8　end for
9　while $H.\mathrm{isnotEmpty}()$
10　$i = H.\mathrm{popMax}(), j = H.\mathrm{popMax}()$
11　$\mathcal{C} \leftarrow \left(\mathcal{C} \setminus \left\{C_i, C_j\right\}\right) \bigcup \left(C_i \bigcup C_j\right)$
12　$Q \leftarrow Q(\mathcal{C})$
13　for $C_k \in \mathcal{C}$ do

续表

14	if $\ S_{ik}>0\ $ or $\ S_{jk}>0\ $ then
15	$S_{ik}=S_{ki}=0$
16	$S_{jk}=S_{kj}=\dfrac{N_jS_{jk}+N_iS_{ik}}{N_i+N_j}$
17	$H.\text{update}\big(S_{jk},j,k\big)$
18	$H.\text{delete}\big(S_{ik},i,k\big)$
19	end　if
20	end　for
21	if　$Q>Q_m$
22	$Q_m=Q$
23	$\mathcal{C}_m=\mathcal{C}$
24	end　if
25	end　while
26	return　$\mathcal{C}_m$

3.4　算法性能分析

3.4.1　数据集及性能指标

本书数据集包括两类数据，第一类为人工数据集，是由 Andrea 和 Santo[105]设计的网络数据测试集，网络的度分布遵循幂律分布，网络的各参数设置请参考文献[105]，这里仅介绍一个重要的参数 μ ， μ 表示社区内节点与其他社区节点连接的紧密程度，因此 μ 越大，社区结构越不明显，会导致社区探测的准确性下降。本书将介绍文献[33]基于上述人工数据集的算法性能测试结果，目的在于对算法性能有一个整体性了解。第二类为两个通信系统网络数据集，这里简记为 A 网数据和 B 网数据，这两个数据集记录了网络中 IP 通联元数据，IP 通联记录格式为四元组 $\{t,\text{IP}_{\text{src}},\text{IP}_{\text{dst}},\text{proto}\}$ 。本书将基于邻域的社区结构挖掘算法应用于上述两个实际网络，用于发现网络的业务构成，并与人工分析结果进行定性比较。

文献[33]采用归一化互信息(normal mutual information，NMI)来衡量社区结构挖掘结果的质量，NMI 的取值范围为[0,1]，NMI 越大，意味着挖掘结果与真实社区结构越相近，质量越高。NMI 的详细信息可参考文献[106]。

3.4.2　人工数据集性能测试结果

首先介绍基于邻域的社区结构挖掘方法(Coversim 算法)与其他算法在人工数据集上的性能表现。仿真网络规模为 1024，考察各算法在参数 μ 的不同取值下的 NMI 性能，对于特定的 μ 值，基于 20 个仿真网络的 NMI 值取平均得到最终的 NMI 值。这里选择对比的算法有 CNM 算法[107]、LP 算法[36]及 Eigen 算法[108]。其中 CNM 算法也是一种基于模块度优化的层次划分方法。LP 算法，或称基于标签传播的算法，是一种基于邻域信息传播的贪婪算法。Eigen 算法是通过求解模块度矩阵的特征向量来获取图的划分。实验结果如图 3-2 所示，图中 Coversim 算法参数 α 的取值为 2。

由图 3-2 的实验结果可以看出，Coversim 算法明显优于其他算法，当 $\mu<0.35$ 时，Coversim 算法能达到几乎 100%的准确率。CNM 算法和 LP 算法在 $\mu<0.2$ 时与 Coversim 算法性能相当，但当 $\mu>0.35$ 时，CNM 算法性能下降迅速。Eigen 算法表现最差。

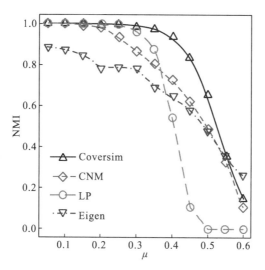

图 3-2　基于人工数据集的社区结构挖掘算法性能比较[33]

下面介绍 Coversim 算法在参数 α 的不同取值下的性能表现，如图 3-3 所示。

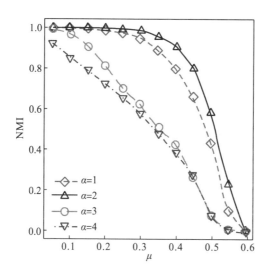

图 3-3　基于邻域相似性的社区结构挖掘算法性能[33]

从图 3-3 中可以明显看出，随着参数 α 取值的增加，NMI 值先升高后下降，当 $\alpha=2$ 时，算法性能最优。因此，实际情况下，可以从 0 开始，逐渐增大 α 的取值，一旦 $Q(C_m(\alpha))$ 的取值出现下降即停止搜索，从而

获得最佳 α 值。

3.4.3　某通信系统网络 A 业务网络发现的应用分析

为了检验基于社区结构挖掘的业务网络发现技术在真实网络中的应用效果，本书采集了某通信系统网络 A 自 2015 年 1 月至 2015 年 6 月的 IP 通联数据，构建 IP 通联图，该图中有二千多个节点，数万条边，应用邻域相似性的社区划分方法对网络业务进行挖掘，图 3-4 为实验流程图，图 3-5、图 3-6 为实验结果图。

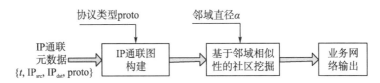

图 3-4　基于社区结构挖掘的业务网络发现实验流程

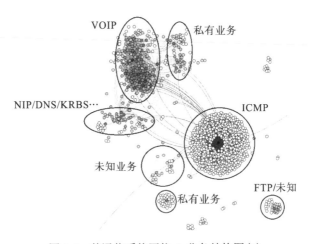

图 3-5　某通信系统网络 A 业务结构图(1)

从图 3-5 中可以明显看出对象网络中几大主要的业务，分别用椭圆曲线标明，通过人工验证，对主要的业务进行了标注。椭圆内的社区结构模块度强，与外部社区的联系很少，说明该网络中的主机(图中的一

个节点，对应一个 IP 地址）大多仅负责单一的功能，如 VOIP 业务、FTP
业务等，这符合专用网络的特点。仅有少数主机与外部社区有通信联系，
说明该部分主机同时负责多种业务。另外可以发现，在图 3-5 的左下方
存在未知业务社区，对承载未知业务的 IP 终端的集中发现有利于快速
定位业务性质，从而起到良好的预警作用，上述现象也说明本书提出的
网络业务发现方法能够有效发现网络中的新业务，而利用 DPI 等方法将
无法发现此类新业务，这一功能对网络监控具有重要意义。图 3-6 是通
过指定协议字段 proto＝6 对 IP 通联元数据进行过滤得到的 TCP 通联结
构图，同样可以明显看出网络中的几大业务结构。

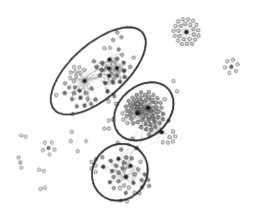

图 3-6　某通信系统网络 A 业务结构图(2)

　　图 3-7 是利用 DPI 方法得到对象网络中的 VOIP 业务终端，再进一
步构建的 IP 通联图。应用本书方法，可发现该业务的通信分成了模块
度强的两个社区。经过对两部分社区涉及的网络数据进行人工分析，发
现图中右方的社区属于正常的 VOIP 业务通信，而左侧方框内的部分并
不是真正的语音业务数据。这两种数据都采用相同特征的端口，且用于

识别 VOIP 业务的数据包载荷中的特征字段也相同,如果采用 DPI 方法,将无法发现方框内的异常业务。上述现象表明本书提出的网络业务监控方法能够发现异常业务通信社区,从而识别出异常业务。

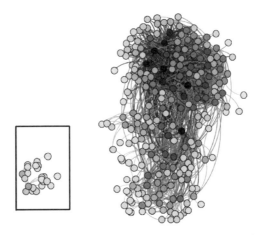

图 3-7   某通信系统网络 A 语音业务构建的 IP 通联图

基于社区结构挖掘的业务网络发现方法创新性地将复杂网络领域的社区发现算法应用于网络 IP 通联图,从而在不解析协议的条件下完成了业务网络的自动发现,具有准确率高、时效性好、更具整体性的特点,不仅能够得到网络的整体业务分布态势,同时能够把网络中的未知业务、异常业务及关键节点推荐给数据分析人员做进一步的分析。

第4章 通信系统网络多层多维多尺度目标行为实证分析

4.1 引　言

本章内容属于网络行为分析研究。针对面向目标监视应用的网络行为分析问题，以某通信网数据集为例，开展通信系统网络多层多维多尺度目标行为的实证分析研究。本章所采用的网络数据集记录了从物理层到业务层的多层次元数据，同时，每个层次元数据能够呈现不同的尺度信息，这里将从不同的维度来对该数据集进行行为实证分析，分析的目的在于：

(1)通过对实验数据集的实证分析，为建立多层多维多尺度的网络目标行为分析框架，指导和规范网络目标行为分析的内容和范围奠定基础；

(2)通过对各层目标行为特征量分布、演化等行为的分析，辅助提取能够反映目标属性和目标关联关系的行为特征量，并在此基础上开展基于相关行为特征的目标属性和目标关联关系挖掘工作，具体可参考第5章和第6章的内容。

本章主要内容包括两大部分：第一部分建立通信网络多层多维多尺度目标行为分析框架；第二部分将某通信网作为数据源，针对物理层信号目标、网络层 IP 目标，开展通信系统网络多层多维多尺度目标行为的实证分析。

4.2 通信系统网络多层多维多尺度
目标行为分析框架

表 4-1 是建立的通信系统网络多层多维多尺度目标行为分析框架。这里"多层"的概念与计算机网络的层次模型类似，主要分为物理层、网络层、业务层及社会层。"多尺度"是指各个层次上网络目标的不同粒度。目标的尺度在这里没有严格的定义，在不同的应用场景下，其实际含义及粒度大小由业务人员指定和扩展。具体而言，物理层目标主要是指信号的传输信道，如通信信号、光纤通信线路，单个信号可作为最小粒度的目标，多个信号，如具有协作关系的信号对，对应同一用户的多路信号都可以作为大尺度目标；网络层目标主要是指网络 IP 终端或链路地址，以 IP 地址为例，单个 IP 用户为网络层的个体目标，多个 IP 用户可作为群体目标，群体的含义可参照不同粒度的局域网来理解；业务层目标主要是指传输端口，端口为目标的最小粒度，多个端口可能对应相同的业务；社会层目标主要是指具有社会组织属性的个体或群体，如通信站或舰队、个人或组织等。

"多维"是指目标行为分析的多个方面，代表了考察目标行为的多个视角，如表 4-1 所示，目前纳入考察范围的维度有：行为特征量的分布行为、行为特征量的演化行为、行为特征的近似关联性。其中，行为特征量的分布行为是指特征量在一定范围内的分布情况，以 IP 用户的流量特征为例，IP 用户流量在通信对象上的流量分布、在信号上的流量分布及在业务上的流量分布都可以作为 IP 用户流量分布行为分析的内

表 4-1　通信系统网络多层多维多尺度目标行为分析框架

多层	多尺度	多维	备注
物理层目标通信行为分析	单信号通信行为分析	单信号行为特征量分布行为分析	
		单信号行为特征量演化行为分析	
		单信号行为特征近似关联性分析	
		……	
	多信号通信行为分析	多信号行为特征量分布行为分析	
		多信号行为特征量演化行为分析	
		多信号行为特征近似关联性分析	
	……	……	
网络层目标通信行为分析	IP 用户个体通信行为分析	IP 用户个体行为特征量分布行为分析	
		IP 用户个体行为特征量演化行为分析	
		IP 用户个体行为特征近似关联性分析	
		……	
	IP 用户群体通信行为分析	IP 用户群体行为特征量分布行为分析	进一步辅助目标属性挖掘、目标关联关系判断及目标重要程度的判断
		IP 用户群体行为特征量演化行为分析	
		IP 用户群体行为特征近似关联性分析	
	……	……	
业务层目标通信行为分析	端口通信行为分析	单端口行为特征量分布行为分析	
		单端口行为特征量演化行为分析	
		单端口行为特征近似关联性分析	
		……	
	多端口通信行为分析	多端口行为特征量分布行为分析	
		多端口行为特征量演化行为分析	
		多端口行为特征近似关联性分析	
	……	……	
社会层目标通信行为分析	个体(通信站)通信行为分析	个体通信行为特征量分布行为分析	
		个体通信行为特征量演化行为分析	
		个体通信行为特征近似关联性分析	
		……	
	群体(舰队)通信行为分析	群体通信行为特征量分布行为分析	
		群体通信行为特征量演化行为分析	
		群体通信行为特征近似关联性分析	
	……	……	

分布行为、演化行为及近似关联性分析

容；行为特征量的演化行为主要是指行为特征量的时间演化行为，如信号流量的时间演化行为、IP 用户在信号上分布熵的时间演化行为等；行为特征近似关联性的分析对象可以按不同的目标、不同的行为特征及不同的行为类型进行组合，如同一目标不同特征的分布行为之间的关联、不同目标相同特征的演化行为之间的关联，以信号为例，不同信号流量的时间演化行为之间的关联性就属于信号行为特征近似关联性分析的内容之一。

通信系统网络多层多维多尺度目标行为分析框架是基于行为分析辅助目标属性和目标关联关系挖掘的基础。对目标分布行为或演化行为进行分析，有利于选择那些对目标属性或目标关联关系判断最具有区分性或可分辨性最大的特征量，通过行为特征的近似关联分析，有助于特征量的约简。基于上述特征集，可进一步开展目标属性挖掘方法和目标关联关系挖掘方法的研究，相关研究内容请参考第 5 章和第 6 章。

4.3　通信系统网络物理层目标行为实证分析

某通信网络的物理层目标是指通信系统的无线信号信道，该通信网络为某企业的接入网，为上百个通信站点提供业务通信手段，本节提供的数据集为 2012 年 12 月 1 日的通信网数据。

目前，提取的各信号的通信行为特征量主要包括表 4-2 列举的内容，从原始数据集中可进一步提取其他特征量，且基于已提取的特征量进行再次加工可形成高阶特征量，这里不再一一赘述。

表 4-2　信号通信行为特征量

特征编号	特征量	释义
1	SrcIpNum	承载源 IP 的数量
2	SrcIp_Etp_Avg	源 IP 信号流量熵的均值
3	SrcIp_Etp_Wht	源 IP 信号流量熵的加权均值
4	SrcIp_Etp	源 IP 流量熵
5	DstIpNum	承载目的 IP 的数量
6	DstIp_Etp_Avg	目的 IP 信号流量熵的均值
7	DstIp_Etp_Wht	目的 IP 信号流量熵的加权均值
8	DstIp_Etp	目的 IP 流量熵
9	AppNum	承载应用层业务的种类
10	App_Etp_Avg	业务信号流量熵的均值
11	App_Etp_Wht	业务信号流量熵的加权均值
12	App_Etp	业务流量熵
13	ProtoNum	承载协议种类的数量
14	Proto_Etp_Avg	协议信号流量熵的均值
15	Proto_Etp_Wht	协议信号流量熵的加权均值
16	Proto_Etp	协议流量熵
……	……	……

这里对表 4-2 中部分特征量的计算方法进行简要介绍。

计算源 IP 信号流量熵的均值（SrcIp_Etp_Avg）：记 SEA_i 为信号 i 的源 IP 信号流量熵的均值；SrcIP 为信号 i 承载的源 IP 的集合；$SrcIP_j$ 表示第 j 个源 IP 对应的信号流量熵；则有

$$SEA_i = \frac{1}{|SrcIP|}\sum_j SrcIP_j \qquad (4\text{-}1)$$

计算源 IP 信号流量熵的加权均值（SrcIp_Etp_Wht）：记 SEW_i 为信号 i 的源 IP 信号流量熵的加权均值，则有

$$SEW_i = \sum_j w_{ji}SrcIP_j \qquad (4\text{-}2)$$

其中，w_{ji} 为第 j 个源 IP 承载于信号 i 的流量与信号 i 总流量的比例，记

fip_{ji}表示第j个源 IP 在信号i中的流量，则w_{ji}的计算公式如下：

$$w_{ji} = \frac{\mathrm{fip}_{ji}}{\sum\limits_{j} \mathrm{fip}_{ji}} \tag{4-3}$$

另外，用$\hat{w}_{ji}$表示第j个源 IP 承载于信号i的流量与第j个源 IP 总流量的比例，即

$$\hat{w}_{ji} = \frac{\mathrm{fip}_{ji}}{\sum\limits_{i} \mathrm{fip}_{ji}} \tag{4-4}$$

则SrcIP_j的计算公式如下：

$$\mathrm{SrcIP}_j = -\sum_i \hat{w}_{ji} \log\left(\hat{w}_{ji}\right) \tag{4-5}$$

同样，计算源 IP 流量熵（SrcIp_Etp）

$$\mathrm{SrcIP}_j = -\sum_i w_{ji} \log\left(w_{ji}\right) \tag{4-6}$$

在后续章节中涉及的相关信息熵的计算方法以此类推。

4.3.1　信号行为特征量分布行为分析

本节对表 4-2 涉及的信号相关通信行为特征量开展分布行为分析，并讨论基于特征量分布行为的信号属性判断和信号关联性分析。

首先对信号承载 IP 用户数量的分布行为进行考察。按网络数据包传输的方向，将 IP 用户分为源 IP 用户和目的 IP 用户，即 IP 数据包中的源地址和目的地址。根据该通信系统的工作原理，信号以成对的方式分配给通信站，其中一条为通信站的出向信号，通信站通过这条信号向其他通信站发送信息，另一条为通信站的入向信号，通信站通过这条信号接收外界发来的信息。结合数据分析经验，信号承载的源（目的）IP

用户的数量，能够在一定程度上反映信号的出入向属性。定性地讲，由于通信站的 IP 数量有限，如果信号承载的源 IP 地址数量较大，说明这条信号为入向信号的可能性较大，反之为出向信号的可能性较大。同理，如果信号承载的目的 IP 地址数量较大，说明这条信号为出向信号的可能性较大，反之为入向信号的可能性较大。

基于上述先验知识，分别对信号承载的源（目的）IP 用户数量的分布行为进行实证分析，采用概率分布图和散点图的方式展示 IP 用户分布情况。这里用 m 表示信号承载的 IP 用户数量，用 δ 表示所承载的 IP 用户数为 m 的信号的数量占比，IP 用户数量的分布情况如图 4-1 所示。

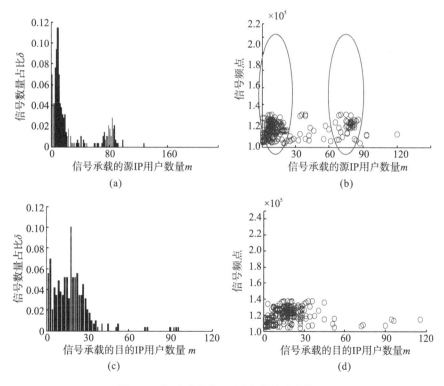

图 4-1　信号承载的 IP 用户数量分布情况

图 4-1 显示了 IP 用户数量的分布情况，从图 4-1(a)中可以明显看出信号的IP用户数量分布存在两大明显的聚集区域，分别为$1 \leqslant m \leqslant 25$和$65 \leqslant m \leqslant 88$，说明信号大体可分为两类，一类源 IP 用户承载数量较多，另一类源 IP 用户承载数量较少。结合图 4-1(b)的信号频点和源 IP 用户数的散点图，也可以明显看出在源 IP 用户数量的维度，信号基本分为两类。由此推测，承载源 IP 用户数量较少的一类为出向信号，承载源 IP 用户数量较多的一类为入向信号，为验证上述猜想的正确性，通过设定特定的阈值θ来对信号的出入向属性进行判断，当$m > \theta$时，对应的信号判断为入向信号，当$m \leqslant \theta$时，判断为出向信号，最后对信号判断的准确率进行计算，实验结果如图 4-2 所示。可以发现，当$\theta \in [10,60]$时，信号判断的准确率接近 80%，说明了承载源 IP 用户的数量可以作为信号出入向属性判断的依据之一，由于80%仍是一个比较低的准确率，所以这一行为特征难以作为信号出入向属性判断的唯一依据，需结合其他行为特征量进行综合判断。

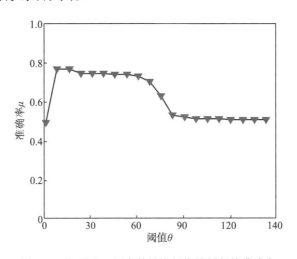

图 4-2 基于源 IP 用户数量进行信号判断的准确率

与源 IP 分布行为不同的是，从信号承载目的 IP 用户数量的分布上看，如图 4-1(c) 和图 4-1(d) 所示，信号承载目的 IP 用户的数量对信号不具备区分性，不符合之前的定性分析，同样采用阈值判断的方法进行属性判断，实验结果如图 4-3 所示，可见判断的准确率都在 50% 以下，与随机判断得到的准确率相同，故承载目的 IP 用户数量不适宜作为信号出入向属性判断的依据。出现上述现象的原因可能是本网络的通信站作为网络的接入点，更倾向接收信息，主动发送的情况相对较少，故源 IP 的分布更广，数量更多，与通信站上的 IP 总量区别较大，而目的 IP 分布范围小，目的 IP 的数量与通信站上的 IP 总量区别不大。

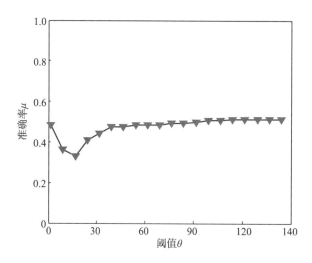

图 4-3　基于目的 IP 用户数量进行信号判断的准确率

下面对源 IP 信号流量熵均值的分布行为进行考察。根据该通信系统工作原理，通信站往往分配一对或几对通信信号，这样来自通信站内网的源 IP 的流量往往集中分布在通信站的出向信号上。可以推测，通信站出向信号对应的源 IP 信号流量熵的均值较小，而通信站入向信号对应的源 IP 信号流量熵的均值较大，定性地讲，源 IP 信号流量熵的均值对信号出入向属性应具备可区分性。这里采用概率分布图方式展示源 IP 信号流量熵的均值分布情况。横坐标为源 IP 信号流量熵的均值，纵坐标表示对应特定均值的信号的数量，如图 4-4 所示。

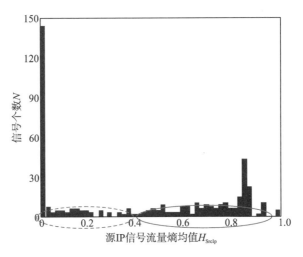

图 4-4   源 IP 信号流量熵的均值分布情况

为验证上述猜想的正确性，通过设定特定的阈值 θ 来对信号的出入向属性进行判断。当源 IP 信号流量熵的均值大于阈值 θ 时，对应的信号判断为入向信号，如图 4-4 中实线区域示意，否则判断为出向信号，如图 4-4 中虚线区域示意。信号判断的准确率随阈值的变化曲线如图 4-5 所示。可以发现，当 $\theta = 0.4$ 时，信号判断的准确率接近 95%。上述结果说明了源 IP 信号流量熵的均值可以作为信号出入向属性判断的依据之一，且分辨力很强。若结合其他行为特征量进行综合判断，信号出入向属性判断的准确率可得到进一步提升。

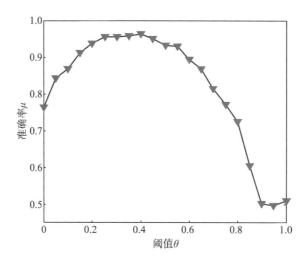

图 4-5　源 IP 信号流量熵的均值进行信号判断的准确率

　　接下来对目的 IP 信号流量熵的均值的分布行为进行考察。根据该通信系统工作原理，来自通信站内网的目的 IP 流量往往集中分布在通信站的入向信号上。可以推测，通信站出向信号对应的目的 IP 信号流量熵的均值较大，而通信站入向信号对应的目的 IP 信号流量熵的均值较小。定性地讲，目的 IP 信号流量熵的均值对信号出入向属性应同样具备可区分性。这里采用概率分布图方式展示目的 IP 信号流量熵的均值分布情况。横坐标为目的 IP 信号流量熵的均值，纵坐标表示对应特定均值的信号的数量，如图 4-6 所示。然而从图 4-6 中难以看到比较明显的阈值可供出入向属性判断。这里仍通过设定阈值 θ 来对信号的出入向属性进行判断，当目的 IP 信号流量熵的均值大于阈值 θ 时，对应的信号判断为出向信号，否则判断为入向信号。信号判断的准确率随阈值的变化曲线如图 4-7 所示。可以发现准确率都在 50% 以下，与随机判断得到的准确率相同，故目的 IP 信号流量熵的均值不适宜作为信号出入向属性判断的依据。出现上述现象的原因可能是该通信系统网络中存在为

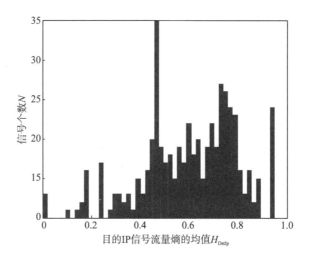

图 4-6   目的 IP 信号流量熵的均值分布情况

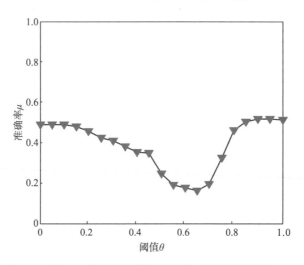

图 4-7   目的 IP 信号流量熵的均值进行信号判断的准确率

数不少的目的 IP 用于数据包的广播，如路由协议包、位置广播包等，这些 IP 分布范围广，几乎在所有的信号中都有分布。它们的存在不可避免地拉高了目的 IP 信号流量熵的均值，从而使得这一行为特征无法作为信号出入向属性判断的依据。

信号承载的源（目的）IP 流量熵加权均值分布行为的考察结果与基于均值的实验结果基本相同，这里不再赘述。

　　图 4-8 和图 4-9 显示信号承载的协议流量熵的均值分布情况，由图可见协议流量熵的均值同样不适宜作为信号出入向属性判断的依据。采用上述分析思路可以对表 4-2 列出的其他信号元数据进行分析，在此基础上选取得到用于信号出入向属性判断的行为特征量的集合，进而为第 5 章中信号出入向属性不确定推理算法的设计奠定基础。

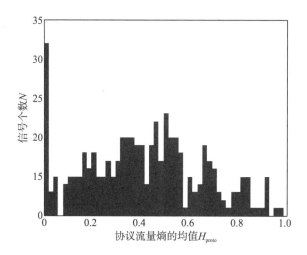

图 4-8　信号承载的协议流量熵的均值分布情况

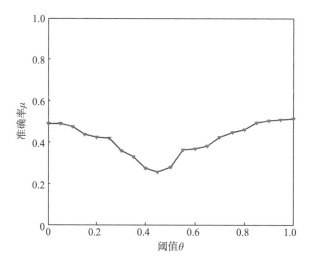

图 4-9　信号承载的协议流量熵的均值进行信号判断的准确率

4.3.2 基于信号演化行为的近似关联性分析

本节选取信号承载的源（目的）IP 流量熵的均值和信号的流量作为考察对象，对于前者，拟分析行为特征量演化行为的收敛性质；对于后者，拟分析行为特征量演化行为的近似关联性。

1. 信号承载的源（目的）IP 流量熵的均值演化行为

对信号承载的源（目的）IP 流量熵的均值演化行为的分析，这里采用散点图的方式进行展现，如图 4-10 所示。图中一个圆圈点代表一个信号，横坐标表示信号承载的源 IP 流量熵的均值，纵坐标表示目的 IP 流量熵的均值。图 4-10(a)～(c)依次表示三个采样时刻的累积流量计算结果。具体而言，图 4-10(a)表示第一天信号 IP 流量熵的均值计算结果，图 4-10(b)表示第一天到第二天，两天的信号 IP 流量熵的均值计算结果，同理，图 4-10(c)表示三天的信号 IP 流量熵的均值计算结果。

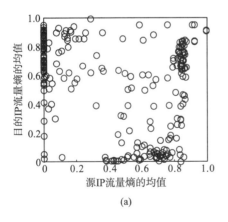

(a)

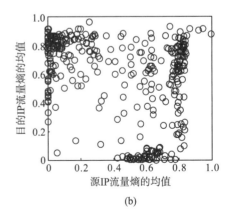

(b)

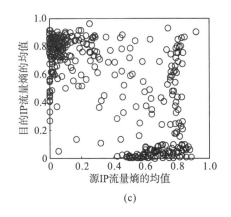

(c)

图 4-10　信号承载的源(目的)IP 流量熵的均值演化行为

根据该通信系统工作原理，出向信号倾向较小的源 IP 流量熵均值、较大的目的 IP 流量熵均值；相反，入向信号倾向较大的源 IP 流量熵均值、较小的目的 IP 流量熵均值，由此判断，在散点图上，信号应该集中分布于左上和右下两个区域。

由图 4-10(a)～(c)的变化趋势可以看出，在第一天，除了左上和右下两个区域，有很多信号集中分布于右上区域，即这些信号的源 IP 流量熵均值和目的 IP 流量熵均值都比较大。原因在于第一天的流量累积量还不够，很多信号由于广播 IP 流量的影响，使得熵值拉高。从第二天的散点图可以发现，处于右上区域密集分布的信号点开始弥散，不少信号点开始向左上和右下迁移，说明随着流量的积累，非广播性质的 IP 流量累积量升高，这样从统计意义上说明信号承载的 IP 流量熵均值逐渐接近正常的区域。等到第三天，可以看出，处于右上区域的信号点数已经很少，绝大多数点处于左上和右下两个区域。

以上现象说明，随着流量的累积，信号上承载 IP 行为具有收敛性，对应的行为特征量可以作为判断信号属性的依据。

2. 信号流量演化行为

选取信号的流量作为行为特征量,对其时间演化行为进行分析,在此基础上进一步分析基于流量行为对信号进行关联的可能性。信号以成对的方式分配给通信站,分别为通信站的出向信号和入向信号。定性地讲,通信站在接收信息的同时应该以很大的可能性也在发送信息,如通信站与外界的语音业务传输、通信站内部终端的即时通业务和网页访问等交互性行为,虽然出向信号与入向信号在流量上的差异可能比较大,但变化趋势应一致或相似性很高。相反,不同通信站之间信号流量的出联行为及流量的变化趋势可能存在较大差异,特别是积累一段相当长的时间后,这种差异性应表现得更加充分。

基于上述认识,结合前期人工判断结果,选取两个通信站对应的两对四条信号进行流量行为分析,两个通信站不妨称为通信站 A 和通信站 B。编号为 35261 和 65854 的信号属于通信站 A,编号为 12579 和 85246 的信号属于通信站 B,数据集为 2012 年 12 月 1 日到 2012 年 12 月 10 日的数据,图 4-11(a)和图 4-11(b)分别显示了通信站 A 和通信站 B 的流量变化曲线,由于成对信号之间的流量绝对值差异较大,这里对流量按最大流量值进行了归一化处理,便于对比分析不同信号的流量行为。从图中可以明显看出成对信号之间流量行为基本保持一致性,同时消失或同时出现,且流量的变化趋势基本保持一致。

为考察不同通信站之间信号流量行为的关联性,将两个通信站的流量曲线置于同一显示窗口内,如图 4-12 所示,可以明显看出,不同通信站的流量行为差异性比较大,尤其是流量的变化趋势。

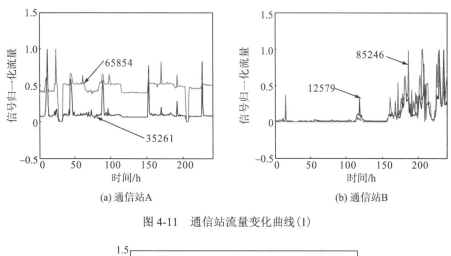

图 4-11　通信站流量变化曲线(1)

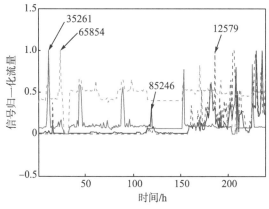

图 4-12　通信站流量变化曲线(2)

上述分析结果符合之前的定性认识,即属于同一通信站的信号具有一致性的流量演化行为,不同通信站的信号之间流量行为存在较大差异。这一现象说明,可以通过信号流量演化行为之间的相似性对属于同一通信站的信号进行关联配对。

4.4　通信系统网络层目标行为实证分析

某通信系统网络的网络层目标是指 IP 终端。经统计,该网络一天之内的活跃终端有数千个,IP 终端分两类:一类是管理类 IP,大多属于网络管理站；另一类为通信站 IP，来自各通信站内部。

目前，提取的各 IP 的通信行为特征量主要包括表 4-3 列举的内容，从原始数据集中可进一步提取其他特征量，且基于已提取的特征量进行再次加工可形成高阶特征量，这里不再一一赘述。开展对网络 IP 目标行为分析的目的就是发现有利于判断 IP 属性或 IP 关联关系的行为特征量。

表 4-3　IP 通信行为特征量

特征编号	特征量	释义
1	SrcCarNum	作为源 IP 承载信号的数量
2	SrcCar_Etp	作为源 IP 承载信号的流量熵
3	DstCarNum	作为目的 IP 承载信号的数量
4	DstCar_Etp	作为目的 IP 承载信号的流量熵
5	Ip_AppNum	承载应用层业务类型数量
6	Ip_AppEtp	业务流量熵
7	Ip_ProtoNum	承载的协议类型数量
8	Ip_ProtoEtp	协议流量熵
9	SrcFlowNum	作为源 IP 流量(字节数)
10	SrcPktNum	作为源 IP 流量(包数)
11	DstFlowNum	作为目的 IP 流量(字节数)
12	DstPktNum	作为目的 IP 流量(包数)
13	IpFlowNum	IP 总流量(字节数)
14	IpPktNum	IP 总流量(包数)
……	……	……

表 4-3 中各特征量的计算方法可参考 4.3 节内容，这里不再赘述。

4.4.1　IP 行为特征量分布行为分析

本节对表 4-3 涉及到的信号相关通信行为特征量开展分布行为分析，并讨论基于特征量分布行为的 IP 属性判断和关联性分析。

首先对 IP 作为源地址所承载的信号数量的分布行为进行考察。若源 IP 为管理站 IP，理论上它可以出现在任何通信站的入向信号上，即所承载的信号数量较大；若源 IP 为通信站 IP，理论上只出现在隶属通信站的出向信号上或与其通信的对方通信站的入向信号上。结合经验，IP 作为源地址所承载的信号数量，能够在一定程度上反映 IP 的属性，定性地讲，如果 IP 作为源地址所承载的信号数量较大，说明此 IP 为管理站 IP 的可能性较大，反之为通信站 IP 的可能性较大。

基于上述先验知识，对 IP 作为源地址所承载的信号数量分布行为进行了实证分析，采用概率分布图方式展示特征量分布情况，如图 4-13 所示，横坐标表示 IP 作为源地址所承载的信号数量，纵坐标表示特定数量所对应的 IP 个数，为清晰显示管理站 IP 和通信站 IP 行为特征量分布的差异，图 4-13（a）为通信站 IP 的特征分布，图 4-13（b）为管理站 IP 的特征分布。

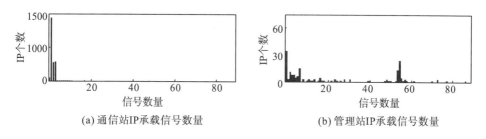

(a) 通信站IP承载信号数量　　　(b) 管理站IP承载信号数量

图 4-13　源地址 IP 承载信号数量的分布情况

由图 4-13 可知，两类 IP 的特征分布有一定的差异性。为验证其用于判断 IP 属性的可行性，通过设定特定的阈值 θ 来对 IP 属性进行判断，当源地址所承载的信号数量大于 θ 时，对应的 IP 属性判断为管理站 IP，否则为通信站 IP，最后对 IP 属性判断的准确率进行计算，实验结果如

图 4-14 所示。值得一提的是，用于实验的 IP 集合中，通信站 IP 与管理站 IP 的数量比例为 4：1，故准确率大于 80%才有意义。由图 4-14 可以发现，当 $\theta \in [10,75]$ 时，IP 属性判断的准确率大于 80%，说明 IP 作为源地址所承载的信号数量可以作为 IP 属性判断的依据之一，但大于 80%小于 85%仍是一个比较低的准确率，因此这一行为特征难以作为 IP 属性判断的唯一依据，需结合其他行为特征量进行综合判断。

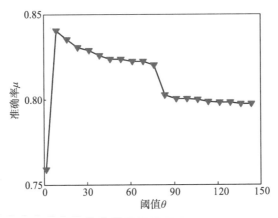

图 4-14 基于源地址承载信号的数量进行 IP 属性判断的准确率

对 IP 作为目的地址所承载的信号数量的分布行为进行考察。若目的 IP 为管理站 IP，理论上它可以出现在任何通信站的出向信号上，即所分布的信号数量较大；若目的 IP 为通信站 IP，理论上只出现在通信站的入向信号上或与其通信的对方通信站的出向信号上。因此，IP 作为目的地址所承载的信号数量与作为源地址所承载的信号数量分布特征类似，能够在一定程度上反映 IP 属性，定性地讲，如果 IP 作为目的地址所承载的信号数量较大，说明此 IP 为管理站 IP 的可能性较大，反之为通信站 IP 的可能性较大。

基于上述先验知识，对 IP 作为目的地址所承载的信号数量分布行为进行了实证分析，采用概率分布图方式展示特征量分布情况，如图 4-15 所示，为清晰显示管理站 IP 和通信站 IP 行为特征量分布的差异，图 4-15(a) 为通信站 IP 的特征分布，图 4-15(b) 为管理站 IP 的特征分布。同样采用阈值判断的方法进行属性判断，实验结果如图 4-16 所示，可见相比随机判断的优势很小，即这一行为特征只可作为 IP 属性判断的参考。

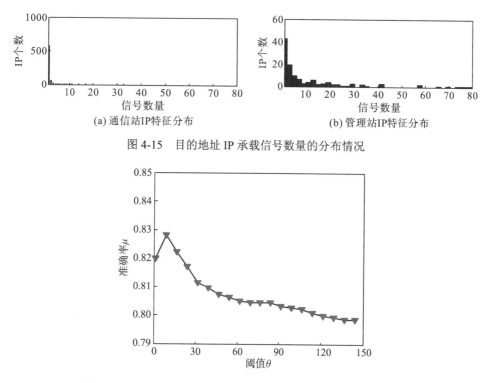

(a) 通信站IP特征分布　　　　　　　　　(b) 管理站IP特征分布

图 4-15　目的地址 IP 承载信号数量的分布情况

图 4-16　基于目的地址承载信号的数量进行 IP 属性判断的准确率

对 IP 作为源地址所承载的信号流量熵的分布行为进行考察。来自于通信站内网的源 IP 的流量往往集中分布在通信站的出向信号上，而管理站 IP 的流量理论上可分布于所有通信站的入向信号上。综上可以推测，通信站 IP 作为源地址的信号流量熵值较小，管理站 IP 作为源地址的信号流量熵值较大。这里采用概率分布图方式展示 IP 作为源地址所承载的信号流量熵的分布情况。横坐标为信号流量熵值，纵坐标表示对应值的 IP 数量，如图 4-17 所示。

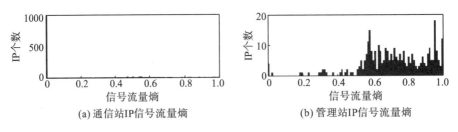

(a) 通信站IP信号流量熵   (b) 管理站IP信号流量熵

图 4-17　IP 作为源地址所承载的信号流量熵的分布情况

由图 4-17 可知，两类 IP 的特征分布呈现出较强的差异性。为验证其用于判断 IP 属性的可行性，通过阈值法对 IP 属性进行判断，当熵值大于 θ 时，对应的 IP 属性判断为管理站 IP，否则为通信站 IP，最后对 IP 属性判断的准确率进行计算，实验结果如图 4-18 所示。由图 4-18 可以发现，IP 属性判断的准确率最高可达到 90% 以上，说明该行为特征量可以作为 IP 属性判断的突出特征，若结合其他行为特征量进行综合判断，准确率有望进一步提升。

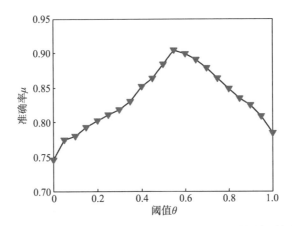

图 4-18　基于 IP 作为源地址的信号流量熵进行 IP 属性判断的准确率

与 IP 作为源地址的特征分布行为不同,图 4-19 和图 4-20 显示了 IP 作为目的地址的信号流量熵的分布情况及基于该特征进行判断的准确率曲线,可以发现,IP 作为目的地址的信号流量熵值对 IP 属性不具备区分性,判断准确率不及随机判断准确率,因此这一行为特征量不适宜作为 IP 属性判断的依据。

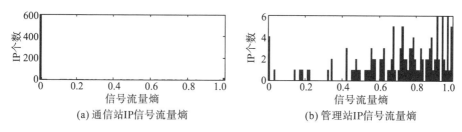

(a) 通信站IP信号流量熵　　　　　　　(b) 管理站IP信号流量熵

图 4-19　IP 作为目的地址所承载的信号流量熵的分布情况

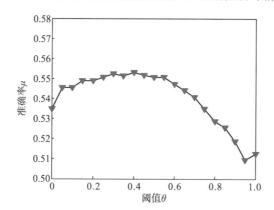

图 4-20　基于 IP 作为目的地址的信号流量熵进行 IP 属性判断的准确率

对 IP 承载应用层业务类型数量和业务流量熵的分布行为进行考察。实验结果如图 4-21~图 4-24 所示,可以发现,该通信系统网络绝大多数 IP 终端承载的业务类型较少,且业务流量熵值都很低,说明大多数 IP 终端的流量集中分布于特定的业务上,这种现象很符合 IP 终端业务专用的特点。综上所述,IP 承载应用层业务类型数量和业务流量熵都不适合作为 IP 属性判断的依据。

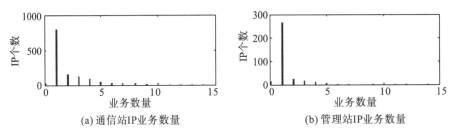

(a) 通信站IP业务数量　　　　　　　　　(b) 管理站IP业务数量

图 4-21　IP 承载应用层业务类型数量的分布情况

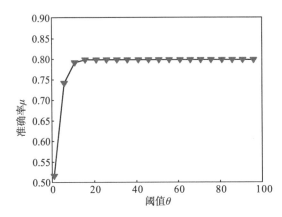

图 4-22　基于 IP 承载应用层业务类型数量进行 IP 属性判断的准确率

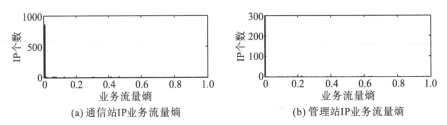

(a) 通信站IP业务流量熵　　　　　　　(b) 管理站IP业务流量熵

图 4-23　IP 业务流量熵的分布情况

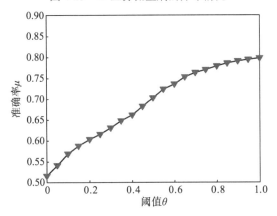

图 4-24　基于业务流量熵进行 IP 属性判断的准确率

4.4.2　基于 IP 分布行为的近似关联性分析

选取 IP 作为源地址的信号分布集合及 IP 作为目的地址的信号分布集合，考察 IP 的信号分布行为的相似性，在此基础上进一步判断 IP 之间的关联关系。

这里用 c_{ij} 表示第 i 个和第 j 个 IP 分布行为之间的相似性，计算方式如下：

$$c_{ij} = \alpha \frac{\text{InterSect}\left(\text{Src}_i, \text{Src}_j\right)}{\text{Union}\left(\text{Src}_i, \text{Src}_j\right)} + (1-\alpha)\frac{\text{InterSect}\left(\text{Dst}_i, \text{Dst}_j\right)}{\text{Union}\left(\text{Dst}_i, \text{Dst}_j\right)}, \quad i, j \in [1, 2, \cdots, n]$$

(4-7)

其中，Src_i 表示第 i 个 IP 作为源地址所承载的信号集合；Dst_i 表示第 i 个 IP 作为目的地址所承载的信号集合；α 为权重系数；函数 $\text{InterSect}(*, *)$ 和 $\text{Union}(*, *)$ 分别为集合的交集和并集运算。

图 4-25 显示的是 IP 之间的相似性矩阵，从图中可以明显看出 IP 之间的关联关系，图中的块状区域代表属于同一通信站的 IP 簇。图 4-26 是图 4-25 的细节展示。

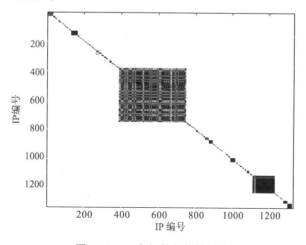

图 4-25　IP 之间的相似性矩阵

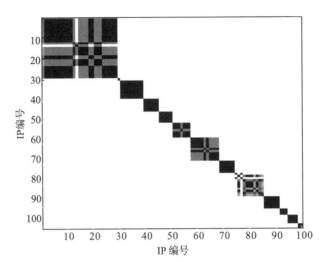

图 4-26   图 4-25 的细节展示

第 5 章　基于朴素贝叶斯推理
的网络目标属性挖掘

5.1　引　　言

本章内容属于网络行为分析技术分支。网络目标属性挖掘的主要任务是基于网络目标相关的行为元数据信息，充分挖掘和分析与目标属性相关的结构特征和行为特征，并基于此对网络目标的隐含属性进行推理和预测，从而辅助业务人员进行属性判断。以通信系统无线信号为例，信号的出入向属性是其基本属性，传统的判断方法是人工对信号属性进行标注，这种方法不仅工作量大，且容易出错。由第 4 章的分析可知，信号的某些行为特征能够反映信号的出入向属性，基于行为特征，设计网络目标属性的判断方法就是本章要解决的问题之一。另外，考虑到实际环境中可能存在训练样本少，分类模型需要更新，甚至无训练样本的情况，本章有针对性地提出聚类引导式的增量贝叶斯推理思路。

目标属性挖掘本质上是目标的分类问题，在众多分类技术当中，朴素贝叶斯推理是适用于大数据条件下不确定推理的最优方法之一，本章主要研究基于朴素贝叶斯不确定推理的属性判断方法。但是运用朴素贝叶斯推理需要关注以下几个问题：一是朴素贝叶斯模型关于样本属性条件独立的强假设，是否需要释放条件性假设；二是训练样本集可能存在类别分布不平衡，先验分布估计不准的问题，如何利用新样本信息，包括标注样本和未标注样本对分类模型进行学习更新；三是在实际应用环境下，可能不存在人工标注样本，如何单纯利用大量未标注样本进行贝叶斯推理，即贝叶斯推理的"冷启动"问题。本书基于上述问题的考虑，介绍了针对朴素贝叶斯推理的适应性改进思路，体现在以下三个方面：

(1)朴素贝叶斯也称独立贝叶斯，"独立"的原因是假设对象的属性分量之间相互条件独立。独立性的假设暗示了朴素贝叶斯模型可能是过度受限的，毕竟在实际应用环境中，对于同属一个对象的属性变量，极少有互相独立的情形。但是，在这些情况中，朴素贝叶斯的分类效果往往非常好，Titterington 等[109]在比较监督方法的研究中发现这个独立性模型产生了最好的整体效果。关于上述现象原因的定性解释，可参考文献[110]。鉴于此，通过释放条件独立性假设来提高分类准确率的思路不在本书讨论范围。

(2)本书引入基于增量学习的朴素贝叶斯推理，以期解决训练样本稀缺的情况下，如何有效利用新样本信息对分类模型进行学习更新的问题。新样本中可能包含标注样本，也可能包含未标注样本，增量学习的难点在于如何从大量的新样本中选择"最合适"的样本用于模型的更新。样本的选择策略要兼顾分类误差和模型的泛化能力。

(3)本书针对实际应用环境下不存在人工标注样本的情况，研究解决贝叶斯推理的"冷启动"难题，即如何单纯利用大量未标注样本进行贝叶斯初始模型构建及模型的增量学习。本书提出了聚类引导式的增量贝叶斯推理思路，先对现有样本进行聚类分析，选取那些聚类结果好的样本子集构建训练集，聚类簇标识就是样本的标注，然后基于这些"准标注样本"进行增量朴素贝叶斯模型的学习和更新。

5.2　基　本　概　念

5.2.1　朴素贝叶斯分类

朴素贝叶斯分类是一种重要的有监督分类方法,即给定一个训练集合,集合中的对象用向量空间模型(vector space model,VSM)表示,向量的每个维度代表对象的一种属性,每个对象属于且只属于一个类别。有监督分类的目标是基于给定的训练集,构建一个分类规则,使得对于新的对象(对象向量已知,类别未知),通过该分类规则能够确定对象的类别。朴素贝叶斯也称独立贝叶斯,"独立"的原因是假设对象的属性分量之间相对类别条件独立,即在给定样本的类标注的情况下,各属性的联合概率为每个单独属性变量的概率乘积,即

$$P\left(\boldsymbol{X}|C_j\right) = P\left(x_1, \cdots, x_n|C_j\right) = \prod_{i=1}^{n} P\left(x_i|C_j\right) \tag{5-1}$$

其中,$\boldsymbol{X} = [x_1, x_2, \cdots, x_m]$ 为观测对象;x_i 为第 i 个属性的取值;C_j 为类别标签;$P\left(\boldsymbol{X}|C_j\right)$ 表示 $\boldsymbol{X}$ 关于类别 C_j 的条件分布。该假设以指数级降低了贝叶斯模型的复杂性,但独立性的假设暗示了朴素贝叶斯模型可能是过度受限的。目前很多研究人员致力于释放特征变量间条件独立性假设的限制,如文献[111]从属性选择的角度提出了基于遗传算法的朴素贝叶斯分类方法,该方法通过属性约简去除了冗余属性,提高了分类准确率;文献[112]从属性加权的角度,通过区别属性的重要性来放松朴素贝叶斯假设;文献[113]采用局部学习的方法来改进朴素贝叶斯分类方

法。尽管如此,在实际应用中,朴素贝叶斯的分类效果往往表现出非常好的健壮性和高效性。基于上述原因,本书不再赘述释放特征变量间条件独立性假设的方法。

朴素贝叶斯分类模型建立在贝叶斯定理的基础上,数学化表达如下:

$$P\left(C_j|\boldsymbol{X}\right)=\frac{P\left(\boldsymbol{X}|C_j\right)P\left(C_j\right)}{P\left(\boldsymbol{X}\right)}, \qquad j\in[1,k] \tag{5-2}$$

其中, $P\left(C_j|\boldsymbol{X}\right)$ 为观测对象 $\boldsymbol{X}$ 属于类别 C_j 的概率,为后验概率,其物理意义是基于先验概率和观测数据分布得到的事件概率; $P\left(C_j\right)$ 为先验分布(或先验概率),先验概率是指根据历史数据或主观判断确定的事件发生的概率,一般分为两类,一类是客观先验概率,是基于历史数据计算得到的概率,另一类是主观先验概率,是在无历史数据的情况下,基于人的主观经验设定的概率。由贝叶斯公式可知, $P\left(C_j\right)$ 是独立于数据概率 $P(\boldsymbol{X})$ 的。 $P(\boldsymbol{X})$ 为观测数据分布,常称为归一化常数, $P(\boldsymbol{X})=\sum_j P\left(\boldsymbol{X}|C_j\right)P\left(C_j\right)$ 。

朴素贝叶斯以后验概率作为分类指示,即输出后验概率最大值作为目标值,贝叶斯决策规则如下:

$$C=\arg\max_j\left\{P\left(C_j|\boldsymbol{X}\right)\right\} \tag{5-3}$$

由贝叶斯定理可知,计算 $P\left(C_j|\boldsymbol{X}\right)$ 的关键在于获取 $P\left(\boldsymbol{X}|C_j\right)$ 和 $P\left(C_j\right)$ 。对于 $P\left(C_j\right)$,往往根据训练集中类别 C_j 的对象所占的比例直接估计,由于训练集中可能存在类别不平衡的情况,对 $P\left(C_j\right)$ 的估计可能有偏差,如何获得 $P\left(C_j\right)$ 的最佳估计也是研究问题之一。对于 $P\left(\boldsymbol{X}|C_j\right)$,

由于独立性假设，$P(\boldsymbol{X}|C_j)$ 可写为 $P(\boldsymbol{X}|C_j)=\prod_{i=1}^{m}P(x_i|C_j)$，这样 m 维的联合分布估计问题被约简为 m 个一维分布估计问题，使问题变得简单。

如果 x_i 的取值是离散的，那么可以通过简单的多项式直方图来估计 $P(x_i|C_j)$，如果 x_i 为连续变量，也可以将连续变量的定义域分割成小的单元，再利用多项式直方图方法进行估计，只是需注意单元覆盖应足够宽，以包含足够多的数据点。对于连续变量分布的估计，也可以通过假设特定参数形式的分布(如正态分布)，用常用的估计方法来估计分布的参数，当然也可以使用核密度估计等复杂的非参数方法来估计 $P(x_i|C_j)$。

5.2.2 朴素贝叶斯分类器的增量学习

朴素贝叶斯分类属于有监督学习的一种，通过对标注样本的训练学习，形成一个分类器，即分类规则和分类函数。然而，在实际应用情况下，人们往往遇到以下几个问题：

(1)标注样本很少，但存在大量的未标注样本。那么是否可以将这些未标注样本利用起来，从中学习进而增强分类器性能。答案是肯定的，一方面虽然未标注样本不能提供样本类别信息，但就样本本身而言，从未标注样本中依然可以获得样本在特征空间中的分布情况，这样的信息利用起来必定有助于分类器性能提升；另一方面，未标注样本往往容易获取，极低的获取成本使获取大量未标注样本的"涌现"价值具备可行性。

(2)标注样本的获取成本高，且存在标注偏差。依靠人力去标注样本往往费时费力，如文本类别的标注等，即使具备人工标注的条件，其执行成本也是很高的。

(3)标注样本分批到达。某些应用环境中，用于训练的标注样本不是一次性准备好，而是分批到达的。这种情况下，训练好的分类模型需要再次学习，以使模型更准确。

(4)大数据条件下的软硬件限制。某些情况下，当大量标注样本存在时，计算机的软硬件可能不支持一次性将训练样本读入内存，即使随着存储计算能力的提升，这一问题可能得到缓解，但存储计算能力的提升还是难以与信息的爆炸式增长相比。这时，需要分批次对训练样本进行学习。

鉴于以上问题，增量学习的概念应运而生，它是解决上述问题的必由之路。随着大数据时代的到来，增量学习越来越受到学术界、工业界的重视，是否具备增量学习能力已经成为衡量一种机器学习方法优劣的重要参考因素。下面将对增量式朴素贝叶斯学习进行介绍。

对朴素贝叶斯分类模型进行增量式学习，综合利用现有训练样本和后续到达的数据样本信息，其中后续样本可能包括标注样本和未标注样本。如此将训练集中的旧知识和新到达样本的新知识融合起来，使类别的分布概率及数据关于类别的条件分布越来越趋于真实分布，所构建的分类模型更准确。

对所用符号做如下约定：训练集用 D 表示，新到数据集用 T 表示，初始分类器在 D 的基础上学习获得，这里假设训练集非空。增量学习过程描述如下：

步骤 1：基于训练集，构造初始分类器；

步骤 2：按一定策略，从新数据集中选择新样本；

步骤 3：当前分类器对新样本进行分类；

步骤 4：基于新样本的类别信息，更新当前分类器。

上述步骤的概念图示如图 5-1 所示。

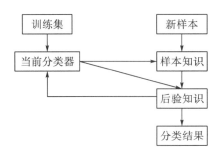

图 5-1　增量学习概念图示

下面不做证明地给出朴素贝叶斯增量学习的推导公式。

由贝叶斯公式及条件独立性假设，可得

$$P\left(C_j|\boldsymbol{X}\right)=\frac{P\left(\boldsymbol{X}|C_j\right)P\left(C_j\right)}{P(\boldsymbol{X})}=\frac{P\left(C_j\right)\prod_{i=1}^{m}P\left(x_i|C_j\right)}{\sum P\left(C_j\right)\prod_{i=1}^{m}P\left(x_i|C_j\right)} \tag{5-4}$$

现假设对 x_i 做离散化处理，x_i 的取值集合为 $[x_{11},x_{12},\cdots,x_{1k}]$，并假设无信息 Dirichlet 先验，则训练集 D 中

$$P\left(C_j\right)=\frac{1+\text{count}\left(C_j\right)}{|C|+|D|} \tag{5-5}$$

$$P\left(x_i=x_{il}|C_j\right)=\frac{1+\text{count}\left(x_{ip}\wedge C_j\right)}{|x_i|+\text{count}\left(C_j\right)} \tag{5-6}$$

其中，$|C|$ 为类别数；$|D|$ 为训练样本的个数；$\text{count}\left(C_j\right)$ 为训练集中类标签为 C_j 的样本个数；$\text{count}\left(x_{il}\wedge C_j\right)$ 为类标签为 C_j 的样本中特征 x_i 取值为 x_{il} 的样本个数。

对于新数据集 T，对每一个新来的样本，按后验概率最大的原则，得到新样本的类标签依据为：

$$C_{\text{test}} = \underset{C_j \in C}{\arg\max}\, P\big(C{=}C_j | \boldsymbol{X}\big) \tag{5-7}$$

根据样本的类标签信息，按照一定的策略，从新样本集中选择"最适合"的样本对分类器参数进行更新，参数更新公式如下：

$$P\big(C_j\big)^* = \begin{cases} \dfrac{|C|+|D|}{1+|C|+|D|} P\big(C_j\big) + \dfrac{1}{1+|C|+|D|}, & C_{\text{test}}{=}C_j \\[3mm] \dfrac{|C|+|D|}{1+|C|+|D|} P\big(C_j\big), & C_{\text{test}} \neq C_j \end{cases} \tag{5-8}$$

$$P\big(x_i{=}x_{il}|C_j\big)^* = \begin{cases} \dfrac{|x_i|+\text{count}\big(C_j\big)}{1+|x_i|+\text{count}\big(C_j\big)} P\big(x_i{=}x_{il}|C_j\big), & C_{\text{test}}{=}C_j\text{且}x_i \neq x_{il} \\[3mm] P\big(x_i{=}x_{il}|C_j\big), & C_{\text{test}}{=}C_j \\[3mm] \dfrac{|x_i|+\text{count}\big(C_j\big)}{1+|x_i|+\text{count}\big(C_j\big)} P\big(x_i{=}x_{il}|C_j\big) + \\[3mm] \dfrac{1}{1+|x_i|+\text{count}\big(C_j\big)}, & C_{\text{test}}{=}C_j\text{且}x_i{=}x_{il} \end{cases}$$

$$\tag{5-9}$$

每个新样本都可以参与分类器参数更新，然而在实际应用情形下，新样本提供的信息并非都有利于提高分类器的精度，甚至会起到弱化分类器的反作用，这时需要针对新样本集，有选择性地选取样本子集参与分类器的更新。这就是"主动学习"的概念。

主动学习是相对于被动学习而言的。被动学习，即无选择地将样本加入训练集，被动地接受样本信息。而主动学习将对新样本进行评估，再选择最有利于分类器性能提升的样本参与训练器的学习更新。目前，基本的样本选择策略主要有随机抽样选择、确定性抽样选择、不确定抽样选择及基于误差损失的选择。其中，随机抽样选择是指从样本集中随机抽取实例，即对所有新样本无差别对待，显然这种策略具有盲目性，从而导致较低的分类器性能提升；确定性抽样选择每次都选择当前分类器最确定的实例样本，这种策略忽略了新样本中的"异常"信息，使分类器形成特殊的偏好性，如果初始分类器构建不够准确，这种偏向性会更严重；不确定抽样选择每次选择当前分类器最不确定的样本，并认为这些样本最可能包含新的信息；基于误差损失的选择会把使测试集分类误差最小的样本子集加入训练集。5.3 节将介绍两种主动学习策略。

5.3　聚类引导式的增量贝叶斯推理算法

5.3.1　增量学习的样本选择策略

本节将介绍两种增量学习的样本选择策略：基于最大最小熵的样本选择策略和基于误差损失最小和不确定抽样结合的选择策略[114]。

基于最大最小熵的样本选择策略利用信息熵来度量新样本所携带的信息量，定义如下：

$$H(C \mid x) = -\sum_{i=1}^{|C|} p(C_i \mid x) \log p(C_i \mid x) \tag{5-10}$$

其中，$p(C_i \mid x)$ 表示样本属于类别 i 的概率；$H(C \mid x)$ 为信息熵值，能够表示样本携带的信息量。$H(C \mid x)$ 越大，意味着样本的类别属性越不确定，越有可能包含更加丰富的信息；$H(C \mid x)$ 越小，意味着样本的类别属性越确定，分类器对这类样本的分类误差一般较小。

基于最大最小熵的样本选择策略为：首先从新样本集中选取具有最大熵和最小熵的候选样本，然后将这两个样本同时加入训练集。具有最大信息熵的样本，使分类器能够及早地重视样本中包含的新信息，用于分类器参数估计的信息来源更丰富，分类器的泛化能力可得到增强；具有最小信息熵的样本是当前分类器最确定的实例，对应的分类损失误差最小。两类样本的同时加入可有效平衡分类器的分类误差和泛化能力。

基于误差损失最小和不确定抽样结合的选择策略：首先将新样本集中的具有最大信息熵的前 K 个样本作为候选实例，然后在 K 个实例中选择相对于整个新样本集合分类误差损失最小的新样本作为候选。这里的误差损失计算方法有两种，第一种是对数损失，如式(5-11)所示：

$$L_g = \frac{1}{|T|} \sum_{x \in T} \sum_i p(C_i \mid x) \log\left[p(C_i \mid x) \right] \tag{5-11}$$

其中，T 为新样本集。第二种是 "0-1" 损失，如式(5-12)所示：

$$L_{(0-1)} = \frac{1}{|T|} \sum_{x \in T} \left\{ 1 - \max\left[p(C_i \mid x) \right] \right\} \tag{5-12}$$

误差损失函数的选择可根据实际环境进行。

5.3.2 聚类引导式增量朴素贝叶斯推理算法

在介绍聚类引导式增量贝叶斯推理(clustering pilot increment Bayes inferring，CPIBI)算法之前，有必要对"冷启动"问题进行简要的描述。维基百科对冷启动的定义如下：冷启动是计算机信息系统未能为用户收集到足够信息时，由系统自动化构建数据模型的过程。由上述定义可以这样理解，冷启动是指在数据信息缺失的情况下，由相关联的其他信息数据自动构建涉及原问题的数据模型,从而使后续问题求解过程得以进行下去。

在电商推荐系统中,冷启动问题是一个经典问题,具体是指电子商务系统如何对新用户进行内容推荐。一方面,由于新用户没有在电商系统内活动过的信息,所以推荐系统无法进行内容推荐;另一方面,由于新用户还未建立"朋友"关系,无法利用协同过滤的方法推荐,这时推荐系统面临为新用户进行推荐的冷启动问题,目前主流的解决方法有随机推荐法、平均值法、信息熵法等,这里不再赘述。冷启动问题的另一个典型应用场景是复杂网络领域的链路预测,链路预测建立在节点连接图的基础上,但初始状态下,节点的连接信息不存在或缺失严重,这样如何启动链路预测就是一个冷启动问题。其中一种解决途径是利用节点的"组"信息来构建初始的链接信息,并基于此进行后续的预测,以期收敛。

本书所提的聚类引导式增量贝叶斯推理算法面临的冷启动场景描述如下。

增量式贝叶斯推理的初期,人工标注样本不存在,这时如何单纯利用大量未标注样本启动贝叶斯推理过程?贝叶斯分类模型的构建必须基于训练样本,这些样本带有类标签信息,本质上这些类标签代表了样本节点的相似信息,标签只是对样本是否属于同一类别的标识,即相似度大的样本往往具有相同的类标签。那么,从另一个角度来看待这个问题,如果利用无监督方法在算法启动的初期自动为样本提供标识信息,其物理意义由人工赋予即可,这样就能省略大量的人工标注工作,从而解除了人工依赖。基于上述思想，设计了聚类引导式增量贝叶斯推理算法，针对实际应用环境下不存在人工标注样本的冷启动问题，单纯利用大量未标注样本进行贝叶斯初始模型构建及模型的增量学习。首先基于现有数据集，指定类别个数，利用聚类的方法进行无监督学习，获得数据集的类别标识集合，聚类簇标识就是样本的标注，然后选择那些具有聚类效果好的样本(离聚类中心距离近的数据样本)，构建训练集，建立初始贝叶斯分类模型，当新的数据样本到来时，通过增量学习的方式不断更新分类器参数。这里的聚类方法可以采用 K-means 算法或其他相关算法。聚类引导式增量贝叶斯推理算法的整个算法流程如图 5-2 所示。

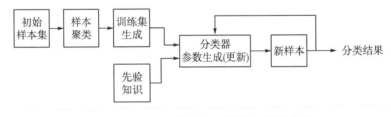

图 5-2   聚类引导式增量贝叶斯推理算法流程

聚类引导式增量贝叶斯推理算法流程的描述如下：

步骤 1：利用聚类算法对未标注样本集进行聚类分析，选择聚类效果好的数据样本构建准训练集 $\hat{D}$；

步骤 2：基于准训练集建立初始化朴素贝叶斯分类模型；

步骤 3：利用当前分类模型对新样本集进行分类；

步骤 4：基于新样本选择策略和新样本集选择"最好"的样本子集，加入训练集；

步骤 5：基于候选样本子集，执行增量学习，更新分类模型。

对于聚类算法的选择，可以依情况选择合适的聚类算法，本书默认为 K-means 算法，此时聚类效果用样本离聚类中心的距离来衡量，距离越小，聚类效果越好，用户通过定义距离阈值来选择样本构建训练集合。针对新样本的选择策略，可根据 5.3.1 节选择合适的方法，如基于误差损失最小和不确定抽样结合的样本选择策略。

聚类引导式增量贝叶斯推理算法性能的分析，将在下节进行介绍。

5.4　算法性能分析

5.4.1　数据集及聚类质量衡量指标

本书数据集包括两类三个数据集：第一类为 UCI（university of California Irvine）标准数据集；第二类为某通信系统网络信号和 IP 的通联元数据集。UCI 标准数据集包括 Wine、Iris、Mushroom 和 Adult 数据集，详细信息见表 5-1。某通信系统网络元数据有两种：一种是信号的元数据，元数据信息见表 4-2，对信号属性判断的目的是区分目标信号是通信站的入向信号还是出向信号，关于信号出入向属性的介绍参见 4.3 节；另一种是通信系统网络 IP 的元数据，元数据信息见表 4-3，IP 终端分两类，一类是管理站 IP，大多属于地面指挥部或网络管理站，另一类为通信站 IP，来自各通信站内部。由于在网络数据流中，没有显性信息显示 IP 属性，所以需要根据相关的行为元数据进行 IP 属性判断，判断任务就是将通信站 IP 和管理站 IP 进行区分。综上所述，两种数据集的类数都为 2。UCI 标准数据集和通信系统网络数据集都是在真实环境下对算法性能进行实验。

表 5-1　UCI 标准数据集情况介绍

名称	样本数量	维数	类数
Wine	178	13	3
Iris	150	4	3
Mushroom	8124	22	2
Adult	48842	14	2

　　下面介绍本书采用的属性判断准确率指标，这里采用分类准确率来衡量实验结果性能，分类准确率定义为

$$\rho = \frac{N_c}{N_a} \times 100\% \tag{5-13}$$

其中，N_c 表示正确分类的样本数量；N_a 表示所有的样本数量。这里需要指出的是，对于聚类引导式增量贝叶斯推理算法，本质上算法输出的是聚类结果，没有明确的分类标签，只有聚簇标识。因此，N_c 的计算方法为：针对聚类结果中的每一个聚簇 $i(1 \leqslant i \leqslant k)$，根据标识信息，统计聚簇 i 中真实的聚簇数及各聚簇对应的样本数量，样本数量最多的簇所对应的样本为正确分类的样本。

5.4.2　UCI 标准数据集实验分析

　　针对 UCI 标准数据集，本实验选用 Wine、Iris、Mushroom 和 Adult 数据集，同时将 CPIBI 算法与经典的 NB 算法和基于标注样本的贝叶斯推理(Bayes inferring，BI)算法进行性能比较。CPIBI 算法和 BI 算法都采用基于误差损失最小和不确定抽样结合的样本选择策略。对于每个数

据集，都从中随机选择特定数量的样本作为训练集和增量样本集。其中，对于 NB 算法和 BI 算法，训练集是标注样本，增量样本集是未标注样本；而对于 CPIBI 算法而言，训练集和增量样本集都是未标注样本，同时在剩余样本中选取特定数量的样本作为测试集，实验结果采用多次实验取平均的策略，后续章节的实验方法与此相同。利用分类准确率来衡量算法性能。

实验结果如表 5-2 所示，需要指出的是，CPIBI 算法需要指定参数 K，标明类簇个数，这里将数据真实类别数作为 K 的取值，因此在表 5-2 中未作体现。另外 CPIBI 算法还存在另一参数 δ，根据 5.3.2 节所述，CPIBI 算法需要选择聚类效果好的数据样本构建准训练集，δ 决定了类簇中哪些样本可被认定为聚类效果好的样本，这里设类簇中离类簇中心最远的样本距离为 d，当样本离类簇中心的距离小于等于 δd 时，样本就被认为是"好样本"，可见 δ 的取值范围为 $[0,1]$。

表 5-2　UCI 标准数据集实验结果

数据集	训练集	增量样本集（未标注）	测试集	NB 算法	BI 算法	CPIBI 算法 $\delta=0.2$	CPIBI 算法 $\delta=0.6$	CPIBI 算法 $\delta=0.9$
Iris	15	45	90	76.7%	91.1%	60.0%	91.1%	90.0%
Wine	18	54	116	85.3%	91.4%	71.6%	92.2%	88.8%
Mushroom	100	1000	5000	87.5%	92.7%	92.0%	93.2%	89.0%
Adult	1000	2000	5000	77.6%	82.0%	80.9%	82.9%	78.0%

由表 5-2 可发现：

（1）CPIBI 算法和 BI 算法的整体性能优于 NB 算法。原因在于 CPIBI

算法和 BI 算法利用了未标注样本的信息，而 NB 算法只利用训练样本的信息。

(2) 相比于 BI 算法，CPIBI 算法满足一定条件时(主要是指 δ 取值)，其精度与 BI 算法相当，对于某些个例，CPIBI 算法达到的准确率更高。这一现象充分证明了 CPIBI 算法的有效性，更令人兴奋的是，CPIBI 算法无须人工标注样本，这样大大增加了算法的适用性。

样本数量和参数 δ 共同影响 CPIBI 算法的性能，由表中 Iris 和 Wine 数据集的实验结果来看，当 δ 偏小或偏大时，CPIBI 算法的性能都有所降低，原因在于样本数据较少，分别为 15 个和 18 个，如果 δ 偏小，被用于聚类的样本数量偏少，这些样本所蕴含的信息量不足以反映真实数据样本分布情况，甚至可能低于 NB 算法的准确率；而如果 δ 偏大，有可能引入"噪声"样本；由 Mushroom 和 Adult 数据集的实验结果来看，当样本数据足够时，δ 对结果的影响减弱，这时 CPIBI 算法获得的性能基本稳定。

5.4.3　针对通信系统网络信号出入向属性判断的性能分析

本节实验的目的是在真实数据集上验证 CPIBI 算法应用于某通信系统网络信号出入向属性判断的有效性。该数据集时间跨度为两天，其中一天的数据用作训练样本和增量学习样本，另一天的数据用作测试样本。本实验将考察随着训练样本数量的增加，不同算法性能的变化趋势。

CPIBI 算法和 BI 算法都采用基于误差损失最小和不确定抽样结合

的样本选择策略。对于每个数据集，都从中随机选择特定数量的样本作
为训练集和增量样本集，实验结果采用多次实验取平均的策略，利用分
类准确率度量算法性能。实验结果如表 5-3 所示，需要指出的是，由于
在 5.4.2 节已经分析了参数 δ 对 CPIBI 算法的影响，本节实验不再赘述，
表中的 CPIBI 算法实验结果是在选择最佳参数值的情况下取得的。

表 5-3　通信系统网络信号数据集实验结果

训练集	增量样本集	测试集	分类准确率		
			NB 算法	BI 算法	CPIBI 算法
10	278	288	52.1%	84.7%	81.6%
30	258	288	69.4%	93.8%	94.0%
60	228	288	83.7%	96.5%	96.5%
90	198	288	98.3%	99.0%	98.3%
115	173	288	98.6%	99.0%	98.3%

由表 5-3 可发现：

(1) 随着训练样本数量的增加，各算法的分类准确率逐渐升高，当
样本数量增加至 90 附近时，分类准确率达到稳定状态，约为 99.0%。
其中，CPIBI 算法和 BI 算法的性能相当。

(2) 在较少训练样本数量的情况下，CPIBI 算法和 BI 算法都取得了
优于 NB 算法的性能，且提升幅度较大。对于 CPIBI 算法，由于不需要
人工标注，能取得与需要人工标注的 BI 算法同等的性能，其吸引力更
大。

5.4.4　针对通信系统网络 IP 属性判断的性能分析

本节实验的目的是在真实数据集上验证 CPIBI 算法应用于某通信系统网络 IP 属性判断的有效性。IP 终端分两类，一类是管理 IP，大多属于网络管理站，另一类为通信站 IP，来自各通信站内部，判断任务就是将通信站 IP 和管理站 IP 进行区分。该数据集时间跨度为两天，其中一天的数据用作训练样本和增量学习样本，另一天的数据用作测试样本。本实验将考察随着训练样本数量的增加，不同算法性能的变化趋势。

CPIBI 算法和 BI 算法都采用基于误差损失最小和不确定抽样结合的样本选择策略。对于每个数据集，都从中随机选择特定数量的样本作为训练集和增量样本集，实验结果采用多次实验取平均的策略，利用分类准确率度量算法性能。实验结果如表 5-4 所示，需要指出的是，由于在 5.4.2 节已经分析了参数 δ 对 CPIBI 算法的影响，本节实验不再赘述，表中的 CPIBI 算法实验结果是在选择最佳参数值的情况下取得的。

表 5-4　通信系统网络 IP 数据集实验结果

训练集	增量样本集	测试集	分类准确率		
			NB 算法	BI 算法	CPIBI 算法
114	3182	3300	93.0%	94.7%	92.6%
343	2953	3300	92.4%	96.5%	95.0%
686	2610	3300	96.0%	96.5%	95.5%
1030	2266	3300	98.3%	99.0%	98.3%
1320	1976	3300	98.6%	99.0%	99.0%

由表 5-4 可得到与 5.4.3 节相似的发现：

(1)随着训练样本数量的增加，各算法的分类准确率逐渐升高，当样本数量增加至 1030 附近时，分类准确率达到稳定状态，约为 99.0%。其中，CPIBI 算法和 BI 算法的性能相当。

(2) 在较少训练样本数量的情况下，CPIBI 算法和 BI 算法都取得了优于 NB 算法的性能。

(3) 不同在于由于训练集样本数量最小为 114，所以增量算法与 NB 算法的性能相差不是很大。

通过引入基于增量学习的朴素贝叶斯方法，有望解决在训练样本稀缺的情况下，如何有效利用新样本信息对分类模型进行学习更新的问题。同时，CPIBI 算法思路可以有效解决实际应用环境下不存在人工标注样本的情况，即贝叶斯推理的"冷启动"难题。基于朴素贝叶斯的网络目标属性挖掘，其应用价值体现在如下两个方面：

(1) 引入了增量学习策略，使该技术适用于需要学习新到达的数据样本，从而不断更新分类模型的应用场景。在特定领域，由于数据大多具有动态变化的特点，基于该技术能够实现对网络目标属性动态变化情况的跟踪监视。

(2) 针对训练数据不存在的情况，聚类引导式增量贝叶斯推理算法思路能够解决推理初期的"冷启动"难题。这种思路特别适用于数据分析初期业务人员缺乏网络目标知识的情形，因此该技术提供了一种辅助分析判断的方法。

第6章 基于谱聚类的网络目标关联关系挖掘

6.1 引　言

本章内容属于网络行为分析技术分支。目标相关属性行为及目标节点的分布行为能够反映目标间的关联关系。以某通信系统网络为例，该网络用于通信站与管理站、通信站与通信站之间的通信，网络中同时存在着大量的 IP 终端，哪些 IP 属于同一个通信子网(一个通信站可以看成一个通信子网)是需要确定的关键信息。传统的判断方法是通过人工对 IP 终端的通信站属性进行标注。由于 IP 数量巨大，这种方法工作量极大，且容易出错。如果 IP 数据包中不存在直接反映 IP 通信站属性的信息，那么无法对其直接进行判断。IP 是否属于同一个通信站，本质上是 IP 之间的一种关联关系，同属一个通信站的 IP 往往呈现出某些相似的行为特征，如通信信号、通信速率、通信流量等。基于 IP 终端的行为特征，设计网络目标间关联关系的挖掘方法就是本章要解决的问题。

本书引入谱聚类算法来挖掘网络目标的关联关系，谱聚类算法能够将具有关联关系的网络目标分配到同一聚簇中。考虑数据样本可能存在密度分布不均及如何有效利用目标交互行为相似性信息的问题，本书在 NJW(Ng、Jordan、Weiss)算法[115]的基础上，提出了自适应加权谱聚类

（adaptive weighted spectral clustering，AWSC）算法，算法的主要创新点体现在两个方面：一是针对高斯函数尺度参数影响谱聚类算法准确率的问题，设计了尺度参数 σ 的自适应选择算法，尺度参数的自适应选择机制通过对数据空间分布局部密度进行估计，使谱聚类算法能够适应数据密度分布不均的情况，消除了人为选择全局尺度参数的不确定性；二是在基于目标多维属性向量的距离相似性度量的基础上，增量考虑了目标的交互行为相似性，设计了基于两类相似性的加权相似性度量策略，使构建的相似性矩阵更符合真实情况，避免了单纯依赖距离度量的局限性。

本章首先在人工数据集和 UCI 标准数据集上分别对 AWSC 算法的性能进行分析，并与现有算法进行性能比较，结果表明，AWSC 算法能够自适应确定尺度参数取值，且获得了优于现有算法的聚类精度。然后，再将 AWSC 算法用于挖掘某通信系统网络 IP 之间的关联关系，发现 AWSC 算法依然获得了优于其他算法的性能。

6.2　基　本　概　念

6.2.1　传统谱聚类

谱聚类是近二十年来出现的一种新型聚类算法，由于该算法具有在任意分布的数据空间内收敛于全局最优解的优越性，被大量应用于文本分析、语音识别、统计学、社会科学和经济学等诸多领域[116,117]，学术界对谱聚类技术的研究成果相继被发表。谱聚类算法建立在图论中的谱图理论基础上，其本质是将聚类问题转化为图的最优划分问题，而图的最优划分其实是一个 NP 难题，有效的解决办法就是对原问题进行实数域松弛，进而将图的划分转换为求解矩阵的相应特征值、特征向量问题。于是，谱聚类算法通过使用数据样本相似度矩阵的特征向量进行聚类[118,119]，利用相似度矩阵构建 Laplacian 矩阵，基于 Laplacian 矩阵的前 k 个最小特征值对应的特征向量构造新的特征向量空间 $\boldsymbol{R}^k$，在这个新的空间内建起与原始数据的对应关系，然后聚类成 k 个簇。谱聚类算法避免了数据的高维特性导致的奇异性问题，使得"对任意的样本空间谱聚类算法易于得到全局的最优解"[120,121]，相较于传统聚类算法，对数据空间的适应性更强。

目前谱聚类算法研究的重点集中在以下几个突出问题上：

(1)相似度矩阵(用 $\boldsymbol{\Omega}$ 表示)构建问题。如何构建真实反映数据样本相似性的相似度矩阵是谱聚类算法的首要问题。目前，相似度矩阵构建的主要思路包括对高斯核函数的改进、对 $\boldsymbol{\Omega}$ 本身的优化处理及获取 $\boldsymbol{\Omega}$ 的新途径。本书针对这一问题对谱聚类算法进行了改进，首先提出了一种高斯函数尺度参数 σ 的自适应确定策略，使高斯核函数能适应数据密度分布不均匀的情形。高斯分量作为相似性度量的第一维分量，其本质是距离度量，除了高斯分量，本书进一步引入目标交互行为的相似性作为相似性度量的第二维分量，再对这两类分量进行加权形成最终的相似性度量方法。

(2)特征向量快速计算问题。求取相似度矩阵的特征值和特征向量是谱聚类算法的主要时间消耗环节，对大规模数据样本而言，算法所需的时空复杂度极高。为此人们提出了多种解决方案，如采用 K-means 算法或 RP-tree 算法对数据进行分块处理，再对数据块的样本代表进行聚类[122]；使用 Nystrom 逼近方法降低特征向量求解的计算复杂度[123] 等。

(3) 特征向量选择组合问题。NJW 算法选择前 K 个最大特征值对应的特征向量作为数据的向量表示，然而文献[124]的研究表明，并非特征值越大，对分类的信息量也越大，每个特征向量对于分类的信息量是不同的。如何对特征向量进行选择，从而构建对分类贡献最大的向量组合，已成为谱聚类研究的热点问题[124]。

本书提出的自适应加权谱聚类算法以 NJW 算法为基础，这里给出 NJW 算法的处理流程：算法输入为 n 个目标样本 $U = \{u_1, \cdots, u_n\}$，聚簇数 k，输出聚类模型 $\Psi = [C_1, C_2, \cdots, C_k]$，满足 $\bigcup_{i=1}^{k} C_i = U$，$\forall i \neq j, C_i \bigcap C_j = \varnothing$。主要步骤如算法 6-1 所示。

算法 6-1　NJW 谱聚类算法流程

输入：目标样本集合 $U = \{u_1, \cdots, u_n\}$，聚簇数 k

输出：聚类模型 $\Psi = [C_1, C_2, \cdots, C_k]$

---

(1) 根据相似性度量方法，对任意一对 (u_i, u_j)，计算相似度 c_{ij}；

(2) 构建相似度矩阵 $\boldsymbol{\Omega} = \left(c_{ij}\right)_{i,j=1,\cdots,n}$；

(3) 计算 Laplacian 矩阵 $\boldsymbol{L}_{rw} = \boldsymbol{D}^{-1}\boldsymbol{L} = \boldsymbol{I} - \boldsymbol{D}^{-1}\boldsymbol{\Omega}$，$\boldsymbol{D} = \mathrm{diag}\left(d_1, d_2, \cdots, d_n\right)$，其中每个 $d_i = c_{i1} + c_{i2} + \cdots + c_{in}$；

(4) 计算 $\boldsymbol{L}_{rw}$ 前 k 个最小特征值对应的特征向量 $v_1, v_2, \cdots, v_k$；

(5) 令 $\boldsymbol{Y} = [v_1, v_2, \cdots, v_k] \in \boldsymbol{R}^{n \times k}$，$\boldsymbol{Y}$ 的行向量定义为 $y_1, y_2, \cdots, y_n$，对应于 k 维特征空间内的 n 个点；

(6) 利用 K-means 聚类算法对 $\left(y_i\right)_{i=1,\cdots,n}$ 进行聚类，得到 k 个簇 $\{B_1, B_2, \cdots, B_k\}$；

(7) 返回 $\boldsymbol{\Psi} = [C_1, C_2, \cdots, C_k]$，其中 $C_j = \left\{u_i^t \middle| y_i \in B_j\right\}, i = 1, \cdots, n, j = 1, \cdots, k$。

在上述实现过程中，相似度矩阵 $\boldsymbol{\Omega}$ 一般通过高斯核函数进行构建，计算公式为

$$c_{ij} = \exp\left[-\frac{d^2(u_i, u_j)}{2\sigma^2}\right] \tag{6-1}$$

其中，$d(u_i, u_j)$ 为样本 u_i, u_j 之间的距离，通常取欧氏距离 $d(u_i, u_j) = \|u_i - u_j\|$；$\sigma$ 为尺度参数，需要人工设置，其取值依赖于领域知识和经验，无规律可循，但 σ 值对聚类结果的影响较大。

另外，Laplacian 矩阵有 3 种形式[121]，分别为未规范化 Laplacian 矩阵 $\boldsymbol{L} = \boldsymbol{D} - \boldsymbol{\Omega}$，规范化且对称的 Laplacian 矩阵 $\boldsymbol{L}_{\mathrm{sym}} = \boldsymbol{D}^{-1/2}\boldsymbol{L}\boldsymbol{D}^{1/2}$ 及规范化但不对称的 Laplacian 矩阵 $\boldsymbol{L}_{rw} = \boldsymbol{D}^{-1}\boldsymbol{L}$。实验和统计分析结果表明，如果图中各节点度分布比较均匀，三种类型的 Laplacian 矩阵在聚类性能上无明显区别，如果图中节点度倾斜分布，$\boldsymbol{L}_{rw}$ 性能最优，故本书算法采用 $\boldsymbol{L}_{rw}$ 作为 Laplacian 矩阵。这里利用 K-means 算法将特征向量空间 $\boldsymbol{R}^{n \times k}$ 中的 n 个数据点聚类为 k 个簇，值得注意的是，这里的聚类算法不限于 K-means 算法，其他如层次聚类算法等都可以作为候选算法。

6.2.2 目标交互行为相似性

目标交互行为相似性度量通过度量与目标发生联系的对象的重合度来定义目标之间的相似性，这里的交互对象可以是与目标同质的目标，如通信节点的通信对象，也可以是与目标异质的目标，如网络目标 IP 的承载信号。目标 u_i, u_j 交互行为相似性定义如下：

$$\tilde{c}_{ij} = \frac{\mathrm{InterSect}(S_i, S_j)}{\mathrm{Union}(S_i, S_j)}, \quad i, j \in [1, 2, \cdots, n] \tag{6-2}$$

其中，S_i 为 u_i 的交互对象集合；函数 InterSect$(*,*)$ 和 Union$(*,*)$ 分别为集合的交集和并集运算；显然 $\tilde{c}_{ij}$ 的取值范围为 $[0,1]$。当 $\tilde{c}_{ij}=1$ 时，说明目标之间存在强关联，两个目标总是与相同的对象发生联系；当 $\tilde{c}_{ij}=0$ 时，说明两个目标不存在关联性，互相独立。

目标交互行为的相似性作为相似性度量的第二维分量，与高斯函数定义的距离相似性分量一起，形成最终的相似性度量方法。

6.3　自适应加权谱聚类算法

6.3.1　尺度参数的自适应调整算法

如式 (6-1) 所示，传统 NJW 谱聚类算法的尺度参数 σ 需要人工设置，其取值依赖于领域知识和经验，一个自然的想法就是能否基于数据样本本身来估计 σ，从而避免人工设置参数的不确定性。这里分两种情况进行考虑，一种是数据密度分布均匀的情况，另一种是数据密度分布不均匀的情况。

1. 数据密度分布均匀

当数据密度分布均匀时，可以认为所有数据样本都基于相同的尺度参数生成，即尺度参数 σ 具有全局性，所有数据样本都可以用于估计尺度值。假设数据样本集为 $X=\{x_1,x_2,\cdots,x_n\}$，且服从独立同分布，则数据分布密度可表示为

$$\hat{f}(X)=\prod_{i=1}^{n}\left[\frac{1}{n}\sum_{j=1}^{n}K_{\sigma}\left(x_i,x_j\right)\right] \tag{6-3}$$

其中，$K_\sigma(*,*)$ 为核函数；n 为样本个数。核函数的选择比较自由，如方波函数、小波函数、高斯函数等，这里考虑到工程中数据分布大多呈现正态分布的规律，且为了计算方便，选择高斯函数作为核函数。核函数需满足如下两个性质：

（1）对称性：$K(-u) = K(u)$；

（2）有限性：$\sup|K(u)| < \infty$，$\int_{-\infty}^{\infty} K(u)\mathrm{d}u = 1$。

此时，$\hat{f}(X)$ 重写为

$$\hat{f}(X) = \prod_{i=1}^{n}\left\{ \frac{1}{n}\sum_{j=1}^{n} \exp\left[-\frac{d^2(x_i, x_j)}{2\sigma^2} \right] \right\} \tag{6-4}$$

其中，$d(u_i, u_j)$ 为样本 u_i, u_j 之间的欧氏距离。则尺度参数 σ 的估计值为

$$\hat{\sigma} = \arg\max_{\sigma}\left[\hat{f}(X) \right] \tag{6-5}$$

此时相似度矩阵的构建公式为

$$c_{ij} = \exp\left[-\frac{d^2(u_i, u_j)}{2\hat{\sigma}^2} \right] \tag{6-6}$$

2. 数据密度分布不均匀

当数据密度分布不均匀时，不存在统一的 σ 值，即全局的 σ 难以反映不均匀的数据分布情况，这时不妨假设每一个数据样本 x_i 对应自身的尺度参数 σ_i，考虑到数据分布的局部特性，σ_i 的值由离样本点 x_i 最近的 K 个样本估计得到，即

$$\hat{f}(x_i) = \frac{1}{|N(x_i)|}\sum_{x_j \in N(x_i)} \exp\left[-\frac{d^2(x_i, x_j)}{2\sigma_i^2} \right] \tag{6-7}$$

其中，$N(x_i)$ 为与 x_i 最近的 K 个样本集合。由于每个数据样本的尺度参数都可能不一样，这里只能通过最大化概率密度函数 $\hat{f}(x_i)$ 来估计尺度参数 σ_i，即

$$\hat{\sigma}_i = \arg\max_{\sigma_i}\left[\hat{f}(x_i)\right] \tag{6-8}$$

这里不妨称 σ_i 为局部自适应尺度。相应地，相似度矩阵的构建公式为

$$c_{ij} = \exp\left[-\frac{d^2(u_i, u_j)}{\hat{\sigma}_i \cdot \hat{\sigma}_j}\right] \tag{6-9}$$

σ_i 反映了数据样本局部结构特征，具有相同或相近尺度值的样本相似度高，而尺度值相差越大，数据样本的相似度越小，属于不同簇的可能性越高。以图 6-1 为例，C_1 和 C_2 为两个类簇，由图可知，C_1 数据分布紧密，C_2 数据分布稀疏，x_1、$x_3 \in C_2$，$x_2 \in C_1$，且 x_2、x_3 都在 x_1 的 K 邻域内，即 $\|x_2 - x_1\| = \|x_3 - x_1\|$，若采用全局尺度，则 $c_{12} = c_{13}$，即 x_1 与 x_2、x_3 的相似度相同；若采用局部尺度，由局部尺度估计方法可知 $\sigma_2 > \sigma_3$，于是 $c_{12} < c_{13}$，即 x_1 与 x_3 的相似度大于 x_1 与 x_2 的相似度，符合数据的真实分布。这个例子说明，采用局部自适应尺度估计的方法，能够得到更加符合数据样本分布特性的相似性矩阵，从而更有利于后续的聚类分析。

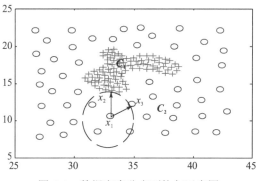

图 6-1　数据密度分布不均匀示意图

由式(6-9)也可以看出，当数据密度分布相同时，式(6-9)等效于
式(6-6)，即基于局部尺度估计方法的泛化能力更强。

6.3.2　自适应加权谱聚类算法

在介绍自适应加权谱聚类算法之前，这里对目标交互行为相似性度
量分量做进一步的阐述。在实际应用环境中，有时很难找到符合 6.2.2
节描述的目标交互对象集合，这时可以基于"近邻传播"的思想来重新
定义"交互对象集合"。

令距离矩阵 $\boldsymbol{\Psi} = \left[d_{ij} \right]_{n \times n}$，其中 d_{ij} 表示样本 x_i、x_j 之间的欧氏距离，
近邻关系门限定义为 ε，当 $d_{ij} \leqslant \varepsilon$ 时，说明 x_i、x_j 存在近邻关系。ε 可以
人工设置，默认情况下可设定 $\varepsilon = \max\limits_{i=1:n} \left[\min\limits_{j=1:n}(b_{ij}) \right]$。进一步，定义近邻矩
阵为 $\boldsymbol{T} = \left[t_{ij} \right]_{n \times n}$，$t_{ij}$ 表示如下：

$$t_{ij} = \begin{cases} 1, & d_{ij} \leqslant \varepsilon \\ 0, & d_{ij} > \varepsilon \end{cases} \tag{6-10}$$

由近邻矩阵 $\boldsymbol{T}$ 可构建近邻关系图 G。图 G 的顶点为数据样本，若
$t_{ij} = 1$，x_i、x_j 之间存在连边，否则不连接。设 S_i 表示 x_i 的近邻集合，表
示如下：

$$S_i = \left\{ x_j \middle| \text{dist}(i,j) \leqslant \tau \right\}, \quad j = 1, 2, \cdots, n, \quad \tau \in \left[1, \text{diameter}_T \right] \tag{6-11}$$

其中，$\text{dist}(i,j)$ 为样本 x_i、x_j 之间基于 $\boldsymbol{T}$ 的最短距离；diameter_T 表示近邻
关系图的直径。此时目标交互行为相似性定义如下：

$$\tilde{c}_{ij} = \frac{\text{InterSect}(S_i, S_j)}{\text{Union}(S_i, S_j)}, \quad i, j \in [1, 2, \cdots, n] \tag{6-12}$$

其中，函数 $\text{InterSect}(*,*)$ 和 $\text{Union}(*,*)$ 分别为集合的交集和并集运算。

由上述定义可知,当 $\tau=1$ 时,只将样本的邻居节点纳入相似性考量范围,若 $\tau>1$,则表示考虑了邻居的邻居,这就是近邻传播的概念。

本书将两种相似性度量分量进行组合,提出了如下自适应加权相似性度量方法,定义如下:

$$c'_{ij}=\alpha c_{ij}+(1-\alpha)\tilde{c}_{ij} \tag{6-13}$$

其中, c_{ij} 为由高斯核函数定义的相似性度量分量; $\tilde{c}_{ij}$ 为基于交互对象相似性定义的度量分量; α 表示分量影响因子,取值范围为 $[0,1]$ 。

自适应加权谱聚类算法流程如算法 6-2 所示。

算法 6-2　自适应加权谱聚类算法流程

输入:目标样本集合 $U=\{u_1,\cdots,u_n\}$,影响因子 α ,聚簇数 k

输出:聚类模型 $\boldsymbol{\Psi}=[C_1,C_2,\cdots,C_k]$

(1) 估计局部尺度参数 σ_i ;

(2) 基于高斯核函数,计算相似性度量分量 c_{ij} ;

(3) 基于交互对象相似性,计算相似性度量分量 $\tilde{c}_{ij}$;

(4) 计算相似度 c'_{ij} ,构建相似度矩阵 $\boldsymbol{\Omega}=\left(c'_{ij}\right)_{i,j=1,\cdots,n}$;

(5) 计算 Laplacian 矩阵 $\boldsymbol{L}_{\mathrm{rw}}=\boldsymbol{D}^{-1}\boldsymbol{L}=\boldsymbol{I}-\boldsymbol{D}^{-1}\boldsymbol{\Omega}$, $\boldsymbol{D}=\mathrm{diag}\left(d_1,d_2,\cdots,d_n\right)$,其中 $d_i=c'_{i1}+c'_{i2}+\cdots+c'_{in}$;

(6) 计算 $\boldsymbol{L}_{\mathrm{rw}}$ 前 k 个最小特征值对应的特征向量 $v_1,v_2,\cdots,v_k$;

(7) 令 $\boldsymbol{Y}=[v_1,v_2,\cdots,v_k]\in\boldsymbol{R}^{n\times k}$, $\boldsymbol{Y}$ 的行向量定义为 $y_1,y_2,\cdots,y_n$,对应于 k 维特征空间内的 n 个点;

(8) 利用 K-means 聚类算法对 $\left(y_i\right)_{i=1,\cdots,n}$ 进行聚类,得到 k 个簇 $\{B_1,B_2,\cdots,B_k\}$;

(9) 返回 $\boldsymbol{\Psi}=[C_1,C_2,\cdots,C_k]$,其中 $C_j=\left\{u_i'\big|y_i\in B_j\right\},i=1,\cdots,n,j=1,\cdots,k$ 。

6.4　算法性能分析

6.4.1　数据集及聚类质量衡量指标

本书数据集包括三类:第一类为具有不同密度分布的人工数据集;第二类为 UCI 标准数据集;第三类为某通信系统网络 IP 的通联元数据

集。人工数据集如图 6-2 所示，Data1 样本分布为对月形，包含两类共
373 个样本，数据分布密度相近；Data2 包含两类样本，分稠密区和稀
疏区，数据分布密度差别较大。Data1 和 Data2 用于验证算法对均匀密
度分布数据和不均匀密度分布数据的有效性。UCI 标准数据集包括
Wine、Ionosphere 和 Iris 数据集，详细信息见表 6-1。某通信系统网络
IP 的通联元数据集其收集了 8 个通信站的 200 多个源 IP 的 ID（IP 地
址）、通信信号数量、通信信号流量熵、运行业务数量、通信速率、通
信流量、通信信号列表等信息，其中通信信号分布作为 IP 目标交互对
象相似性度量的输入，其他元数据为 IP 的属性元数据。UCI 标准数据
集和通信系统网络 IP 的通联元数据集用于进一步检验算法在真实环境
下的性能。

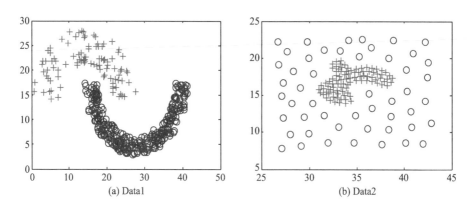

(a) Data1 (b) Data2

图 6-2   不同数据密度分布的人工数据集

表 6-1   UCI 标准数据集情况介绍

名称	样本数量	维数	类数
Wine	178	13	3
Ionosphere	351	34	2
Iris	150	4	3

下面介绍本书采用的聚类质量衡量指标：Silhouette 值[125]和聚类准确率。

（1）Silhouette 值。节点 i 的 Silhouette 值定义为

$$s(i) = \frac{b(i) - a(i)}{\max\{a(i), b(i)\}} \tag{6-14}$$

其中，$a(i)$ 为节点到同簇中其他节点的平均距离；$b(i)$ 为节点到其他簇中节点的平均距离。Silhouette 值的取值范围为 $[-1,1]$，$s(i)$ 越接近 1，表示聚类效果越好，反之，聚类效果越差。Silhouette 值从聚类结果本身出发，不依赖于人工标注信息，具备一定的参考价值。同时考虑到充分地利用样本中的人工标注信息，定义了聚类准确率。

（2）聚类准确率：这里引入 *F*-measure 指标来评价聚类准确率，*F*-measure 将信息检索中的查全率（recall）和查准率（precision）的思想结合起来对聚类结果进行整体评价。分类 i 与聚簇 j 的相关定义如下：

$$P(i,j) = N_{ij}/N_j$$
$$R(i,j) = N_{ij}/N_i \tag{6-15}$$

其中，N_i 为分类 i 中所有对象的数目；N_j 为聚簇 j 中所有对象的数目；N_{ij} 为聚簇 j 中属于类 i 的对象的数目。则分类 i 的 *F*-measure 定义为

$$F(i) = \max_j \left\{ \frac{2P(i,j)R(i,j)}{P(i,j) + R(i,j)} \right\} \tag{6-16}$$

聚类结果的整体 *F*-measure 为

$$F = \sum_i \frac{N_i}{N} F(i) \tag{6-17}$$

其中，N 为所有样本的数量；$F \in [0,1]$。

对于人工数据集，可根据聚类结果与真实分布情况的对比检验算法

的优劣。对于 UCI 标准数据集和通信系统网络数据集，选用聚类准确率(*F*-measure)对聚类结果进行定量评价。另外，由于 Silhouette 值能够以图形化的形式定性展示聚类结果的好坏，考虑到通信系统网络数据集规模适中，因此针对通信系统网络数据集进一步选用 Silhouette 值对聚类结果进行分析。

6.4.2　人工数据集性能分析

本实验针对人工数据集 Data1 和 Data2，将本书提出的 AWSC 算法与传统 NJW 算法进行性能对比实验，通过比较聚类结果的数据分布和原始数据分布来检验算法的性能。

针对 Data1，首先指定不同的尺度参数 σ，应用 NJW 算法进行聚类，其次，指定不同的影响因子 α，应用 AWSC 算法进行聚类，聚类结果如图 6-3 所示。通过比较图 6-3(a)与图 6-3(b)，发现 NJW 算法可以得到较好的聚类结果，且通过调节尺度参数，NJW 算法对 Data1 的聚类结果可以得到一定程度的改善，但 NJW 算法仍难以对图中椭圆区域的数据做出正确的判断。上述实验结果的原因在于 Data1 中，不同类别数据分布密度相近，应用统一的尺度参数可以得到较好的结果，但尺度参数需要人工设置，存在不确定性。另外，由于 NJW 算法采用距离度量这种单一的相似性度量，使得它对两类数据分布比较集中的区域，如椭圆区域，无法得到很好的聚类结果。比较图 6-3(a)、图 6-3(b)与图 6-3(c)、图 6-3(d)，可以看出 AWSC 算法的聚类结果整体优于 NJW 算法，且尺度参数无须人工设置。比较图 6-3(c)与图 6-3(d)，可知通过调节影响因

子的取值，可进一步改善 AWSC 算法聚类结果，对 Data1 而言，$\alpha = 0.2$
时的聚类结果优于 $\alpha = 0.5$ 时的聚类结果。原因分析如下：首先，AWSC
算法引入了交互对象相似性分量，由于椭圆区域内的数据点与所属类别
数据点存在共享邻居节点，于是这部分相似性分量使同类别数据样本之
间的相似性得到增强，从而使得 AWSC 算法对椭圆区域内的数据点聚
类效果优于 NJW 算法。进一步，当 $\alpha = 0.5$ 时，交互对象相似性分量与
距离分量占比为 1 : 1；当 $\alpha = 0.2$ 时，交互对象相似性分量比重加强，
聚类效果更优，说明 Data1 的不同类别数据分布密度相差不大，距离分
量对聚类结果的影响不突出，而适当提高交互对象相似性分量的比重能
够改善聚类结果。

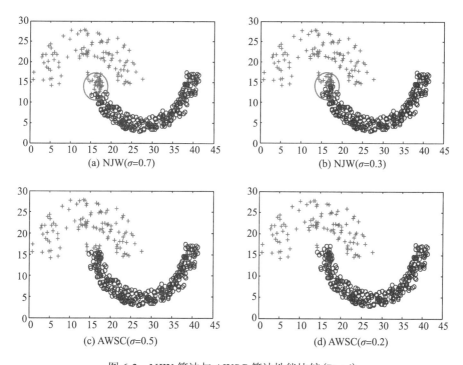

图 6-3　NJW 算法与 AWSC 算法性能比较（Data1）

针对 Data2，与 Data1 相同，首先指定不同的尺度参数 σ，应用 NJW 算法进行聚类，其次，指定不同的影响因子 α，应用 AWSC 算法进行聚类，聚类结果如图 6-4 所示。通过比较图 6-4(a) 与图 6-4(b)，可知在数据密度分布不均匀的情况下，NJW 算法无法得到正确的聚类结果，即使调节尺度参数，由于数据本身不存在统一尺度，所以无法实现对 Data2 的正确聚类。由图 6-4(c)、图 6-4(d) 可以看出 AWSC 算法能够得到非均匀分布数据的正确聚类结果，性能优于 NJW 算法，通过调整影响因子取值，可进一步改善 AWSC 算法聚类结果。具体而言，$\alpha = 0.8$ 时的聚类结果优于 $\alpha = 0.2$ 时的聚类结果，且当 $\alpha = 0.8$ 时，只有一个数据样本判断错误。可见对于 Data2，距离分量对结果的影响要大于交互对象相似性分量。

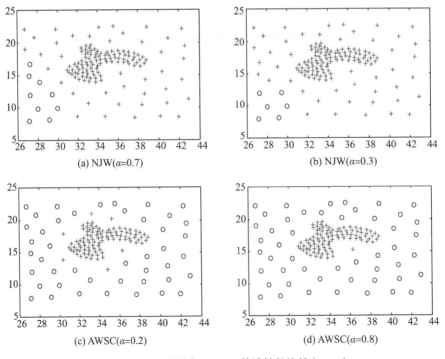

图 6-4　NJW 算法与 AWSC 算法性能比较(Data2)

6.4.3　UCI 标准数据集性能分析

针对 UCI 标准数据集,本实验选用 Wine、Ionosphere 和 Iris 数据集,同时将 AWSC 算法与经典的 K-means 算法和 NJW 算法进行性能比较,并基于 F-measure 指标度量聚类准确率。实验结果如表 6-2 所示。需要指出的是,三种算法都需要指定参数 K,表明类簇个数,这里均输入数据的真实类别数,因此在表 6-2 中未展现。对于 NJW 算法和 AWSC 算法分别需要指定尺度参数和影响因子,表中的尺度参数和影响因子均为算法聚类结果最优时所对应的取值。

表 6-2　三种算法的性能对比结果

名称	算法				
	K-means	NJW		AWSC	
	F-measure	F-measure	σ	F-measure	α
Wine	0.86	0.92	0.4	0.98	0.6
Ionosphere	0.82	0.88	0.3	0.89	0.5
Iris	0.79	0.84	0.9	0.92	0.7

从表 6-2 可知, K-means 算法性能明显低于 NJW 和 AWSC 两种谱聚类算法,这是因为 K-means 算法最优解的迭代求解策略不能保证收敛到全局最优解,只有在数据呈超球形分布(凸分布)时,才具有较好的聚类结果,否则性能会下降。从 NJW 算法和 AWSC 算法的比较结果来看,两种算法基本能够达到 90%以上的准确率, 但 AWSC 算法整体表现优于 NJW 算法。对于 Ionosphere 数据集,AWSC 算法与 NJW 算法的性能相当,原因可能在于该数据集的类别分布密度相当,且样本交互对象相

似性度量不占优势。从表 6-2 的整体来看，本书提出的 AWSC 算法性
能最佳。

6.4.4　某通信系统网络 IP 通联元数据集应用分析

本节实验的目的是在真实数据集上验证 AWSC 算法应用于某通信
系统网络 IP 关联关系挖掘的有效性。该数据集分为两部分，分别代表
两个时间段的样本数据，记为 U^{t_1}, U^{t_2}，两个时间区间的长度相同，时
间跨度为两天。本实验将分别考察两个数据集在输入不同的聚簇数
$k(k=4,6,8)$ 情况下 AWSC 算法的性能，同时与传统 K-means 及 NJW 算
法进行比较分析。考虑到网络数据集规模适中，这里选用 Silhouette 值
定性展示聚类结果的好坏，同时利用 F-measure 指标进行聚类准确率性
能的定量评估。

在介绍实验结果之前，这里再次介绍网络 IP 的通联元数据集，收
集了 8 个通信站的 200 多个源 IP 的 ID(IP 地址)、通信信号数量、通信
信号流量熵、运行业务数量、通信速率、通信流量、通信信号列表等信
息，其中通信信号数量、通信信号流量熵(源与目的)、运行业务数量、
业务流量熵、通信速率及通信流量是 IP 的属性元数据，作为高斯距离
相似性度量的输入。通信信号分布作为 IP 目标交互对象相似性度量的
输入。

图 6-5 和表 6-3 分别为 AWSC 算法的 Silhouette 值和聚类准确率实
验结果。

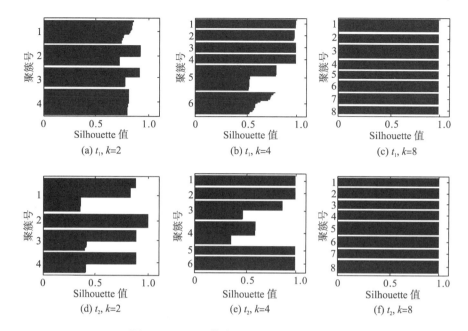

图 6-5　AWSC 算法 Silhouette 值实验结果

表 6-3　AWSC 算法与其他聚类算法准确率性能比较结果

时间区间	t_1			t_2		
聚簇数（k）	4	6	8	4	6	8
AWSC	0.5	0.73	0.96	0.61	0.85	0.98
NJW（$\sigma = 0.3$）	0.56	0.81	0.92	0.58	0.82	0.94
K-means	0.45	0.69	0.81	0.49	0.71	0.80

图 6-5(a)～图 6-5(c) 为时间区间 t_1 内不同聚簇数 k 对应的 Silhouette 值，横坐标是 Silhouette 值，纵坐标是聚簇号。从图 6-5(a)、图 6-5(b) 可以看出，当 $k < 8$ 时，有部分聚簇的 Silhouette 值接近于 1，其他聚簇的 Silhouette 值小于 1，且轮廓线不整齐，说明聚类质量较差，图 6-5(c) 显示了 $k = 8$ 时的 Silhouette 值，可发现各聚簇的 Silhouette 值几乎都为 1，且轮廓线非常整齐，聚类质量很好。说明 $k = 8$ 为最优聚簇数，这与人

工标注的类别数相等，实验结果符合预期。图 6-5(d)～图 6-5(f)为时间区间 t_2 内不同聚簇数 k 对应的 Silhouette 值，横坐标是 Silhouette 值，纵坐标是聚簇号。图 6-5(d)～图 6-5(f)中 Silhouette 值的变化情况与图 6-5(a)～图 6-5(c)基本相同，且对于不同时间区间，聚簇数相同的 Silhouette 值轮廓线基本相同，从而说明了 IP 的关系网络在观测时间内基本稳定。

图 6-6 为 K-means 算法的 Silhouette 值实验结果，图 6-6(a)～图 6-6(c) 和图 6-6(d)～图 6-6(f)分别为 K-means 算法在时间区间 t_1 和 t_2 内不同聚簇数 k 对应的 Silhouette 值，横坐标是 Silhouette 值，纵坐标是聚簇号。随着 k 值的变化，Silhouette 值的变化趋势与 AWSC 算法的变化趋势基本相同。不同在于，与 AWSC 算法的实验结果相比，对于相同数据集和相同 k 值，K-means 算法的 Silhouette 值轮廓线整齐度有明显下降。

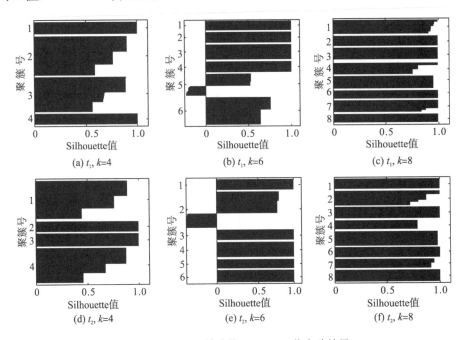

图 6-6　K-means 算法的 Silhouette 值实验结果

表 6-3 为 AWSC 算法与其他算法聚类准确率性能比较结果,从表 6-3
可看出, AWSC 算法的聚类准确率在 $k=8$ 时达到最高, 同时可以看出,
相较于 K-means 和 NJW 算法, AWSC 算法在实验数据集上性能最优。
AWSC 算法比 K-means 算法的聚类性能提升幅度在 10 个百分点以上,
比 NJW 算法的聚类性能提升幅度在 5 个百分点左右。上述实验结果证
明了当样本数据的维数升高时, K-means 算法难以适应数据空间非凸分
布的情况,而谱聚类仍然能在此种情况下获得全局最优的效果。K-means
算法的聚类准确率实验结果见表 6-3。

自适应加权谱聚类(AWSC)算法针对高斯函数尺度参数影响谱聚
类准确率的问题, 通过尺度参数的自适应选择, 使谱聚类算法能够适应
数据密度分布不均匀的情况, 消除了人为选择全局尺度参数的不确定
性;同时在目标多维属性向量的距离相似性度量基础上, 增量考虑了目
标的交互行为相似性, 设计了基于两类相似性的加权相似性度量策略,
使构建的相似性矩阵更符合真实情况, 避免了单纯依赖距离度量的局限
性。

第7章 某通信系统网络态势
感知实验系统介绍

7.1 引 言

随着国内外通信系统信息化水平的提高，网络空间已经成为继陆、海、空、天之外的第五维空间，受到高度关注。网络空间态势感知技术，拟通过分析网络数据，掌握网络空间结构属性、网络与目标的活动变化规律，进而挖掘目标属性和目标关联关系，从而支撑数据分析挖掘。

本章在前期技术研究的基础上，针对通信系统网络设计实现了网络态势感知实验系统，下面将介绍实验系统设计方案，包括设计思路、系统组成及工作原理。

7.2 通信系统网络态势感知实验系统设计

7.2.1 设计思路、系统组成与工作原理

系统设计思路可以从处理流程、数据存储管理两个方面理解，如图 7-1 所示。

(1)处理流程。处理流程包括网络数据接入及预处理、网络结构/行为分析引擎和态势可视化展示，其中网络结构/行为分析引擎是最关键模块，集成了之前章节涉及的所有态势感知关键技术。

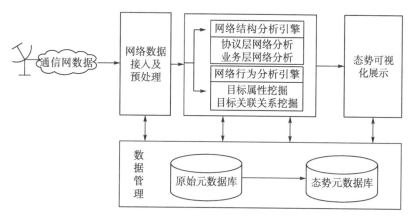

图 7-1　实验系统组成及数据流图

(2)数据存储管理。数据存储管理包括原始元数据存储管理、态势元数据存储管理。原始元数据主要是指直接从网络数据中提取出来的元数据信息,如源 IP、目的端口等;态势元数据是指网络结构/行为分析引擎基于原始元数据生成的直接反映网络态势的元数据,如 IP 到用户的映射元数据、数据流聚合描述元数据等。

系统的输入为采集的通信系统网络数据,而系统的输出则是目标网络的综合态势及其可视化展示结果。

该系统主要由以下几个模块组成:网络数据接入及预处理模块、网络结构/行为分析引擎、数据管理模块及态势可视化展示模块。实验系统首先利用网络数据接入及预处理模块访问实际系统探测数据,并对数据进行层层解析,得到不同层级的网络协议数据;其次,网络结构/行为分析引擎基于解析后的网络协议数据开展协议层网络分析、业务层网络分析、基于行为分析的网络目标属性挖掘及基于行为分析的目标关联关系判断;再次,各分析模块将分析结果送至态势数据管理模块进行存储,态势数据管理模块为整个系统的态势数据提供存储与检索功能;最后，态势可视化展示模块将综合态势数据取出并进行可视化展现。下面分别对系统的每个组成部分进行介绍。

7.2.2　网络数据接入及预处理模块

网络数据接入及预处理模块负责对输入数据进行处理，验证数据的完整性，对数据进行层层网络协议解析，得到不同层级的网络协议数据，并推送至后续网络结构/行为分析引擎。数据接入的方式可以是离线数据的导入，即硬盘文件读取和数据库访问。

7.2.3　网络结构/行为分析引擎

网络结构/行为分析引擎是系统最重要的环节，连接原始元数据库和态势元数据库，负责由原始元数据生成网络态势元数据，是网络态势生成的关键性模块。网络结构分析技术引擎模块与本书相关的技术集成情况如下：

(1) 协议层网络分析算法，完成路由级网络结构的不确定推理，主要应用了基于跳数矩阵的隐含网络结构推理技术；

(2) 业务层网络分析算法，完成业务网络的自动发现，主要应用了基于跳数矩阵的隐含网络结构推理技术；

(3) 网络目标属性挖掘算法，完成通信信号出入属性的判断及网络 IP 属性的判断，主要应用了基于朴素贝叶斯的网络目标属性挖掘技术；

(4) 网络目标关联关系判断算法，完成通信系统网络 IP 关联关系的挖掘，主要应用了基于谱聚类的网络目标关联关系挖掘技术。

7.2.4　态势可视化展示模块

　　态势可视化展示模块是态势感知系统与用户的交互通道，处于态势应用的关键环节。本系统重点输出了对象网络的数据分布态势，如实时业务数据分布情况、用户通联状态、逻辑网络结构、业务网络结构及目标属性挖掘结果等。图 7-2～图 7-5 展示了本系统在态势展现方面的部分情况。

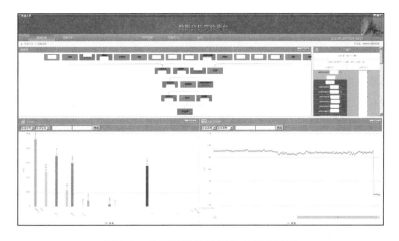

图 7-2　对象网络的数据分布态势展示

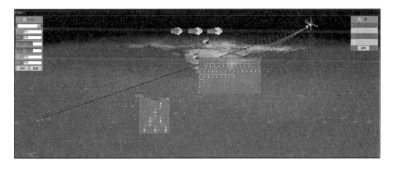

图 7-3　对象网络的协议层逻辑结构

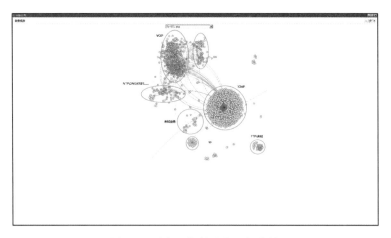

图 7-4　对象网络的业务网络态势

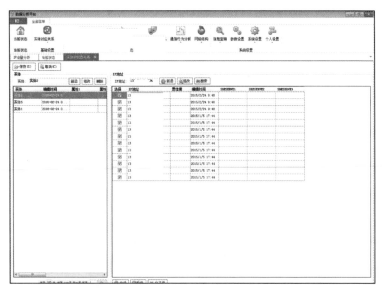

图 7-5　对象网络的目标属性挖掘结果

　　图 7-2 显示的是对象网络的数据分布态势，完成对数据业务、数据用户在数据流中分布情况、变化情况的实时监测及对异常行为的警告。数据分布态势能够为业务人员提供对数据的整体认知，通过对数据流当前状态的实时监测，能够及时发现、分析和处理感兴趣的数据内容。数据分布态势内容包括数据协议树的自动生成与实时监测、网络用户通联

状态的实时监测、网络业务流量行为的实时监测、网络用户流量行为的实时监测。

图 7-3 显示的是对象网络的协议层逻辑结构，内容包括小站级 (指通信站) 的物理通联结构及小站终端网络结构。图 7-3 中间区域的半透明框内显示的就是终端内部逻辑结构，分别为主站和某小站内部结构。图中，IP 节点的不同颜色代表不同状态，在系统实际运行状态下，绿色背景代表当前时刻 IP 节点处于在线状态；灰色代表当前时刻处于 IP 节点离线状态，但曾经出现过；红色代表当前时刻 IP 节点首次出现，为新节点。系统能够实时更新 VSAT 网络终端 (通信站) 内部逻辑结构，同时显示各 IP 节点的在线状态，并提供 IP 节点属性的展示和查询，如 IP 地址、所属小站 ID、终端类型、操作系统版本等。

图 7-4 显示的是对象网络的业务网络态势，呈现全网的业务整体分布情况。系统能够根据协议字段对前端输入进行过滤，如果只对 TCP 包所承载的业务感兴趣，可以只分析协议字段为 6 的 IP 通联记录。用户可基于业务网络发现结果，有针对性地对特定业务、未知业务、异常业务或关键节点进行深入分析。

图 7-5 显示的是对象网络的目标属性挖掘结果，如通信信号的出入向属性、网络 IP 的通信站属性等。目标属性挖掘为软判决，即输出目标属性值的置信度，取值范围是 0~1。用户可根据目标属性的置信度，结合经验知识，对置信度进行修正操作。

第8章 基于有向图模型的网络异常目标检测

8.1 引　言

本章内容属于网络结构分析技术中的网络结构挖掘技术分支。近年来，社交网络越来越受到大众的欢迎，如 Twitter[126,127]、Facebook、新浪微博[128]等，有学者认为人类已进入社交网络时代。社交网络给人们带来便利的同时，也带来了诸多困扰，如隐私安全、虚假信息传播、Sybil 攻击等。其中，Sybil 攻击常常被网络传销、恐怖犯罪团体利用，本书针对 Sybil 攻击现象，提出了一种 Sybil 节点的检测方法。

在社交网络研究领域，Sybil 账号作为网络异常目标，其检测技术一直是一项研究热点，许多 Sybil 检测策略被先后提出[129-133]。然而，大多数研究是针对无向社交网络结构开展的，如 Facebook 这样的社交网络。Yu 等提出了非中心化检测方法 SybilGuard[133]和 SybilLimit[132]，这两种方法假设社交网络能够快速收敛且 Sybil 攻击边数有限，通过随机游走策略，确定节点是否为 Sybil 节点，其缺陷在于漏警率比较高。SybilLimit 为 SybilGuard 的升级版本，但漏警率依然较高，难以达到实用标准。GateKeeper[130]为另一个非中心化检测方法，文献[38]指出该方法难以在真实社交网络上检测到 Sybil 节点。Danezis 和 Mit 于 2009年提出了一项中心化检测方法——SybilInfer[129]，利用了贝叶斯不确定推理理论，为每一个节点标识一个概率值，表征该节点为 Sybil 的置信度，该方法能够取得很低的漏警率，但计算复杂度较高。SybilDefender[38]为近年来性能最优的 Sybil 检测方法，采用了中心化随机游走策略，算法精度和速度较之其他方法都有很大的提升。上述方法都将社交网络建模为无向网络结构，Liu 等[134]提出了针对有向社交网络结构的 Sybil 检测方法。本书受此启发，利用 SybilDefender 的随机游走检测策略，提出了一种新的有向社交网络 Sybil 检测方法——SybilGrid，与 SybilDefender 方法相比，SybilGrid 在相同的攻击边数量下，虚警率更低，同时所需的游走路径更短，进一步提升了算法效率。

8.2　基 本 概 念

书中涉及的概念如下：利用图 G 建模社交网络结构，V、E 分别表示顶点集和边集。社交网络的正常用户称为 Honest 节点，由正常用户群形成的网络结构用 H_Region 表示，同样，由 Sybil 节点群形成的网络结构用 S_Region 表示。每个正常用户拥有一个网站账号，而一个恶意用户，如网络传销者，拥有多个 Sybil 账号，对应多个 Sybil 节点，且这些节点间紧密联系。账号间的"关注"关系形成结构的有向边，如新浪微博用户间的"关注"关系。其中，由 Sybil 节点关注 Honest 节点形成的有向边称为攻击边，反之，称为妥协边。上述模型如图 8-1 所示。

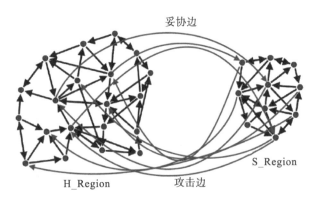

图 8-1 基于有向社交网络的 Sybil 攻击模型

方法基于如下假设：

(1)H_Region 是快速收敛的。快速收敛意味着一条长度为 $\Theta\left(\log|\mathrm{H\_Region}|\right)$ 的随机游走路径，可以以至少 $1-1/|\mathrm{H\_Region}|$ 的概率使得路径终点 v 的概率符合网络结构的稳定分布 $\bar{\pi}$[133]，其中 $\bar{\pi}=\bar{\pi}P$，P 为转移矩阵，$P_{ij}=\dfrac{A_{ij}}{d_i^{\mathrm{out}}}$，$d_i^{\mathrm{out}}$ 为节点 i 的出度，如果存在一条由 i 指向 j 的边，则 $A_{ij}=1$，否则 $A_{ij}=0$。

(2)至少一个 Honest 节点是已知的。与文献[38]、[129]、[132]、[133]相同，假设至少一个 Honest 节点已知，该节点作为后续 Sybil 检测的基础。

(3)攻击边数量有限，妥协边为攻击边的一部分，数量约为攻击边的 10%。H_Region 的规模远大于 S_Region，同时攻击边数量远小于 S_Region 或 H_Region 内部的边数量。采用与文献[134]相同的策略，这里假设妥协边数量是攻击边数量的 1/10。

基于有向网络结构的 Sybil 检测与基于无向网络结构的 Sybil 检测的相同之处是假设(1)和假设(2)，不同之处在于假设(3)中关于妥协边的假设，即有向图中考虑了从 H_Region 到 S_Region 的反向关注，这也是导致在相同的参数设置下，该方法的虚警率低于 SybilDefender 的原因之一。

8.3 基于有向社交网络的 Sybil 检测方法

本节内容将介绍一种基于有向网络结构的 Sybil 检测方法，方法的输入是社交网络图 $G(V,E)$、一个已知的 Honest 节点 h 及一个可疑节点 u，输出为 u 是否为 Sybil 节点。该方法在节点 i 处的随机游走按转移矩阵 P 进行，即从 i 节点游走到 j 的概率为 $P_{ij} = \dfrac{A_{ij}}{d_i^{\text{out}}}$。

方法的设计思想体现在两方面：一方面由于 H_Region 和 S_Region 之间的攻击边数量有限，从复杂网络社区结构的角度看，两者分别形成两个社区结构，攻击边为两个社区之间的图割，所以，一次分别始于不同社区的随机游走应以较大的可能性遍历本社区的节点。H_Region 的节点规模远大于 S_Region，因此只要随机游走的路径足够长，始于不同社区的随机游走所遍历的节点数量就会呈现出较大的差异，从而可以区分 Honest 节点和 Sybil 节点。另一方面，对于有向图而言，由于有向图中"环路"的数量远小于无向图中"环路"的数量，所以有向图中的随机游走会较快地遍历更多的节点，因此基于有向图的随机游走效率更高。同时，由于假设了妥协边，从 H_Region 游走到 S_Region 的概率降低，从而使虚警率会一定程度降低。

该方法包含两个环节：第一个环节为预处理环节，输入为 $G(V,E)$ 和 h，输出不同路径长度对应的遍历节点数量的统计量，这些统计量将作为第二个环节判断节点性质的输入。第二个环节为 Sybil 检测环节，输入为可疑节点 u 及第一环节输出的统计量，输出为 u 是否为 Sybil 节点。算法的流程图如图 8-2 所示。

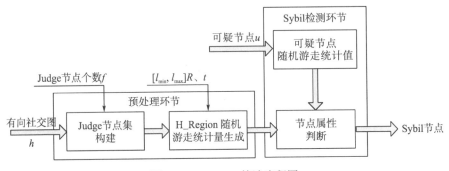

图 8-2　SybilGrid 算法流程图

第一环节的算法流程见算法 8-1。

算法 8-1　预处理

1：$J = \{h\}$

2：for　i=1 to f　do

3：　　Route = RandomWalk $(h, \log|\text{H\_Region}|)$

4：　　$J = J \bigcup \text{Route.last}()$

5：end for

6：len = $l_{\min}$

7：while　len $\leqslant$ $l_{\max}$ do

8：　　for i=J.first() to J.last() do

9：　　　　for j =1 to R

10：　　　　　Route = RandomWalk $(i,$ len$)$

11：　　　　end for

12：　　　　n_i =访问次数 freq[i]>t 的节点的个数

13：　　end for

14：　　输出　$\langle l, \text{mean}(\{n_i : i \in J\}), \text{stdDeviation}(\{n_i : i \in J\})\rangle$

15：　　len = len + lenDcr

16：end while

RandomWalk (start，Len)

1：while $i \leqslant$ Len do
2：　if $d_i^{out} = 0$　then
3：　　i=1；　break；
4：　else
　　　Route = Route $\bigcup$ v_i
5：　　freq[i] = freq[i]+1；
6：　end if
7：end while

该方法的预处理策略首先执行 f 次出发点为 h，长度为 $\log|H\_Region|$ 的随机游走，由文献[133]可知，f 个路径的终点最有可能为 Honest 节点，且分布符合 H_Region 社区的稳定分布 $\bar{\pi}$。h 和 f 个路径终点统称为 Judge 节点集合，用 J 表示。构建 Judge 节点集的策略与 SybilDefender 相同，不同之处在于随机游走的策略，除了以节点的出度作为节点间转移概率的参考外，在有向图的游走过程中有可能陷入"奇点"（出度为 0 的点），这时需要重新执行一次随机游走，直到找到一个 Judge 节点，基于无向图的游走无须考虑上述奇点。

其次，方法基于不同的路径长度，从 $l_{\min}$ 到 $l_{\max}$，分别从各 Judge 节点出发，执行 R 次随机游走，然后计算访问频率大于阈值 t 的节点数量 n。对每个路径长度 len 而言，存在 $f+1$ 个统计值 $\{n_i : 1 \leqslant i \leqslant f+1\}$，再进一步计算 $f+1$ 个值的均值和方差，输出三元组 $\langle l, \text{mean}(\{n_i : i \in J\}), \text{stdDeviation} (\{n_i : i \in J\}) \rangle$。与 SybilDefender 的不同在于各参数的取值，这里取 $l_{\min} = 20$，$l_{\max} = 100$，lenDcr=20，$t = 5$，这些取值远小于 SybilDefender 取值，原因在于有向图上环路数量较少，随机游走的节点覆盖率更高。

第二环节的算法流程见算法 8-2。

算法 8-2　Sybil 检测

1：len = l_0

2：while　len $\leqslant$ $l_{\max}$　do

3：　　for j =1 to R

4：　　　　Route = RandomWalk $(u,$ len)

5：　　end for

6：　　m=访问次数 freq[i]>t 的节点的个数

7：　　遍历算法 1 输出的三元组列表，寻找对应于长度 len 的三元组 $\langle$len,mean,stdDeviation$\rangle$

8：　　if　mean-m > stdDeviation $\times\alpha$　then

9：　　　　u 是 Sybil 节点

10：　　　　break

11：　　end if

12：　　len = len + lenDcr

13：end while

14：u 是 Honest 节点

正如算法 8-2 所示，为了确定可疑节点 u 的性质，从 u 出发执行 R 次路径长度为 $l_0\left(l_0 \geqslant l_{\min}\right)$ 的随机游走，并统计访问次数 freq[i]>t 的节点的个数 m，基于算法 8-1 输出的三元组 $\langle l_0,\text{mean},\text{stdDeviation}\rangle$，计算 mean $- m$，如果 mean $- m >$ stdDeviation$\times\alpha$，则 u 是 Sybil 节点，否则路径长度增加 lenDcr，重复上述流程，直到 mean $- m >$ stdDeviation$\times\alpha$，如果路径长度增大至 $l_{\max}$ 该公式一直得不到满足，则认为 u 是 Honest 节点。

算法 8-2 执行过程中，有两个参数比较重要，分别是 α 和 $l_{\max}$，$l_{\max}$ 取较大的值时，能提高 Sybil 检测的准确率，但运行时间会增加，效率降低。同样，随着 α 取值增大，虚警率会降低，但漏警率会升高。在实验部分，会对 α 和 $l_{\max}$ 的取值进行分析。

8.4　算法性能分析

实验采用的数据集来源于新浪微博的真实社交网络，按粉丝数选取了排名前 10000 的用户的关注信息，形成了 699236 条有向边。这些用户我们是正常用户，形成 H_Region 社区。S_Region 社区采用 ER（Erdös – Rènyi）模型[135]生成，其中包含 1000 个 Sybil 节点，同时令 S_Region 节点平均度等于 H_Region 节点平均度。攻击边的数量为自定义参数，不同的攻击边数量对应不同的 Sybil 攻击图，妥协边数量按攻击边数量的 10% 处理。定义 P_{h2s} 为虚警率，即 Honest 节点被检测为 Sybil 节点的概率值，P_{s2h} 为漏警率，即 Sybil 节点被检测为 Honest 节点的概率。

8.4.1　Sybil 检测性能分析

为了选取合适的 α 值，首先考察不同的 α 对 Sybil 检测性能的影响。实验参数为：$l_{\min} = 20$，$l_{\max} = 100$，$l_0 = 20$，$t = 5$，$f = 100$，$R \in \{1000, 2000, 3000\}$。图 8-3 为实验结果，可以看出当 $\alpha > 4$ 时，$P_{s2h} = 1$，即漏警率为 100%，算法失效，考察算法 8-2 中的判断准则：$\text{mean} - m > \text{stdDeviation} \times \alpha$，可知 α 取值越大，节点越不容易被判断为 Sybil，P_{s2h} 将趋近于 1。另外可以发现，随着 α 取值增大，虚警率逐渐降低。同时可以看出，R 越大，虚警率越小。由于不同的 R 值对应的虚警率差别不大，这里选取 $\alpha = 4$，$R = 2000$ 为后续实验参数。

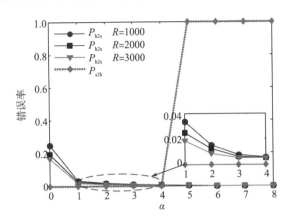

图 8-3　α 对 Sybil 检测性能影响的实验结果

攻击边数量有限是该方法的假设之一，这里将分析不同的攻击边数量对算法性能的影响。为使实验结果更具普适性，取攻击边数量与 Sybil 节点数量的比值作为自变量，定义为 σ，其物理意义为平均每个 Sybil 节点实施的攻击数量。图 8-4 为实验结果，可以看出当 $\sigma \geqslant 0.8$（攻击边数量大于等于 800）时，漏警率为 100%，算法失效。当 $\sigma \leqslant 0.5$（攻击边数量小于等于 500）时，漏警率为 0，且虚警率维持在 3×10^{-3} 左右。从 $0.02 \leqslant \sigma \leqslant 0.5$ 性能曲线的放大图可以看到，随着 σ 的增大，虚警率呈

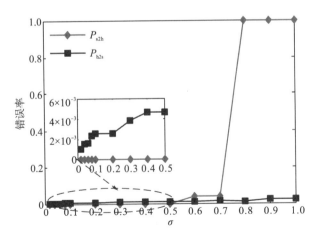

图 8-4　σ 对 Sybil 检测性能影响的实验结果

上升趋势，即 S_Region 和 H_Region 之间的边越多，检测准确率越低，虚警率越高。原因在于随着攻击边的增多，S_Region 中节点与 H_Region 节点联系越来越紧密，分辨性逐渐变差。

8.4.2　与 SybilDefender 的性能比较

与无向图模型相比，有向图模型假设攻击边具有方向性，这使得随机游走从 H_Region 游走到 S_Region 的可能性进一步降低。因此理论上在攻击边数量相同的情况下，本方法的虚警率应比 SybilDefender 更低。从图 8-5 的实验结果来看，上述猜想可以得到验证。从 $0.02 \leqslant \sigma \leqslant 0.5$ 性能曲线的放大图可以清楚看到基于无向图的 SybilDefender 的虚警率高于本书基于有向图的检测方法，前者为后者的 1.6 倍左右。

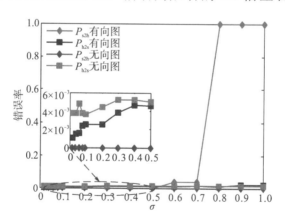

图 8-5　与 SybilDefender 检测性能的对比分析

另外，由于在相同边数的条件下有向图中"环路"的数量远小于无向图中"环路"的数量，所以有向图中的随机游走会较快地遍历更多的节点，针对有向图的随机游走效率更高。可以推测，为了达到相同的虚警率，SybilGrid 所需的最大路径长度应小于 SybilDefender 的最大路径长度，也可以理解为在相同的路径长度下，前者的虚警率更低。为此，表 8-1 考察了不同的 l_{max} 值对应的两种算法的检测结果，可以看出当 $l_{max} = 20$ 时，两者的漏警率为 100%，即路径长度太短，无法识别 Sybil 节点，算法失效。当 $l_{max} > 20$ 时，两种算法都能有效识别 Sybil 节点，但虚警率方面，SybilDefender 的虚警率更高，约为 SybilGrid 方法的 1.5 倍。

表 8-1   SybilGrid 与 SybilDefender 检测性能的对比分析

l_{max}	20		40		60		80		100		200	
错误类型	P_{s2h}	P_{h2s}	P_{s2h}	P_{h2s}	P_{s2h}	P_{h2s}	P_{s2h}	P_{h2s}	P_{s2h}	P_{h2s}	P_{s2h}	P_{h2s}
SybilGrid	1	0.50%	0	0.58%	0	0.60%	0	0.47%	0	0.49%	0	0.50%
SybilDefender	1	1.00%	0	1.00%	0	0.80%	0	0.78%	0	0.70%	0	0.70%

索　引

冷启动　　　　　　　　88

目标关联关系　　　　　12

目标监视　　　　　　　1

目标属性挖掘　　　　　12

朴素贝叶斯　　　　　　48

谱聚类　　　　　　　　106

社区结构挖掘　　　　　48

数据筛选　　　　　　　1

Sybil 检测　　　　　　21

跳数矩阵　　　　　　　14

TTL（time to live）　　31

网络结构还原　　　　　12

网络结构挖掘　　　　　12

网络态势感知　　　　　1

网络行为分析　　　　　12

行为异常监测　　　　　1

业务网络发现   48

隐含知识   1

增量学习   88

自适应加权谱聚类   106

参 考 文 献

[1]Eriksson B. Network discovery using incomplete measurements[D]. Madision: University of Wisconsin, 2010.

[2]Huffaker B, Plummer D, Moore D, et al. Topology discovery by active probing[C]. Proceedings 2002 Symposium on Applications and the Internet (SAINT) Workshops, Nara, 2002: 90-96.

[3]Spinelli L, Crovella M, Eriksson B. Aliascluster: A lightweight approach to interface disambiguation[C]. 2013 IEEE Conference on Computer Communications Workshops (INFOCOM WKSHPS), Turin, 2013: 127-132.

[4]Gunes M H, Sarac K. Analytical IP alias resolution[C]. 2006 IEEE International Conference on Communications, Istanbul, 2006: 459-464.

[5]Keys K. Internet-scale IP alias resolution techniques[J]. ACM SIGCOMM Computer Communication Review, 2010, 40(1): 50-55.

[6]Duffield N G, Presti F L. Network tomography from measured end-to-end delay covariance[J]. IEEE ACM Transactions on Networking (TON), 2004, 12(6): 978-992.

[7]Duffield N, Lo Presti F, Paxson V, et al. Network loss tomography using striped unicast probes[J]. IEEE/ACM Transactions on Networking, 2006, 14(4): 697-710.

[8]Coates M, Hero A O, Nowak R, et al. Internet tomography[J]. IEEE Signal Process Magazine, 2002, 19(3): 47-65.

[9]Castro R, Coates M, Liang G, et al. Internet tomography[J]: Recent developments. Statistic Science, 2003, 19(3): 499-517.

[10]Ni J, Xie H, Tatikonda S, et al. Efficient and dynamic routing topology inference from end-to-end measurements[J]. IEEE/ACM Transactions on Networking（TON），2010, 18（1）: 123-135.

[11]Coates M, Castro R, Nowak R, et al. Maximum likelihood network topology identification from edge-based unicast meas-urements[C]. Proceedings of the 2002 ACM SIGMETRICS International Conference on Measurement and Modeling of Computer Systems, 2002: 11-20.

[12]Duffield N G, Horowitz J, Prestis F L. Adaptive multicast topology inference[C]. Proceedings of the Twentieth Annual Joint Conference of the IEEE Computer and Communications Societies, Anchorage, 2001: 1636-1645.

[13]Siamwalla R, Sharma R, Keshav S. Discovering internet topology[J]. Unpublished manuscript, 1998.

[14]潘楠, 王勇, 陶晓玲. 基于 OSPF 协议的网络结构发现算法[J]. 计算机工程与设计, 2011, 32（5）: 1550-1553.

[15]Zhang B, Liu R, Massey D, et al. Collecting the internet AS-level topology[J]. ACM SIGCOMM Computer Communication Review, 2005, 35（1）: 53-61.

[16]Oliveira R V, Zhang B, Zhang L. Observing the evolution of internet AS topology[J]. ACM SIGCOMM Computer Communication Review, 2007, 37（4）: 313-324.

[17]Govindan R, Tangmunarunkit H. Heuristics for internet map discovery[C]. Proceedings of the Nineteenth Annual Joint Conference of the IEEE Computer and Communications Societies, 2000: 1371-1380.

[18]Spring N, Mahajan R, Wetherall D. Measuring ISP topologies with rocketfuel[J]. ACM SIGCOMM Computer Communication Review, 2002, 32（4）: 133-145.

[19]Yoshida K, Kikuchi Y, Yamamoto M, et al. Inferring pop-level isp topology through end-to-end

delay measure-ment[C]. The 10th International Conference on Passive and Active Network Measurement, Seoul, 2009: 35-44.

[20]Shavitt Y, Zilberman N. Internet pop level maps[M]. Data Traffic Monitoring and Analysis. Berlin: Springer Verlag, 2013: 82-103.

[21]Shavitt Y, Zilberman N. Geographical internet pop level maps[C]. Proceedings of the 4th International Conference on Traffic Monitoring and Analysis, Vienna, 2012: 121-124.

[22]Pasha S G, Babu B N V M. Router-level topology collection of inferring subnets[J]. International Journal of Research and Computer Science Applications , 2012, 2(3): 182-194.

[23]Gunes M H, Sarac K. Inferring subnets in router-level topology collection studies[C]. Proceedings of the 7th ACM SIGCOMM Conference on Internet Measurement, San Diego, 2007: 203-208.

[24]Marchetta P, Mérindol P, Donnet B, et al. Topology discovery at the router level: A new hybrid tool targeting ISP networks[J]. , IEEE Journal on Selected Areas in Communications, 2011, 29(9): 1776-1787.

[25]Barford P, Bestavros A, Byers J, et al. On the marginal utility of network topology measurements[C]. Proceedings of the 1st ACM SIGCOMM Workshop on Internet Measurement, San Francisco, 2001: 5-17.

[26]Girvan M, Newman M E J. Community structure in social and biological networks [J]. Proceedings of the National Academy of Sciences of the United States of America, 2002, 99(12): 7821-7826.

[27]Tyler J R, Wilkinson D M, Huberman B A. Email as spectroscopy: Automated discovery of community structure within organizations [C] . Proceedings of the 1st International Conference

on Communities and Technologies, Amsterdam, 2003: 81-96.

[28]Radicchi F, Castellano C, Cecconi F, et al. Defining and identifying communities in networks [J].

Proceedings of the National Academy of Sciences of the United States of America, 2004,

101(9): 2658-2663.

[29]金弟, 刘杰, 贾正雪, 等. 基于 k 最近邻网络的数据聚类算法[J]. 模式识别与人工智能, 2010,

23(4): 546-551.

[30]Newman M E J, Girvan M. Finding and evaluating community structure in networks [J]. Physical

Review E: Statistical Nonlinear and Soft Matter Physics, 2004, 69(2): 026113.

[31]Newman M E J. Fast algorithm for detecting community structure in networks [J]. Physical Re-

view E: Statistical Nonlinear and Soft Matter Physics, 2004, 69(6): 066133.

[32]Guimerà R, Amaral L A N. Functional cartography of complex metabolic networks [J]. Nature,

2005, 433(7028): 895-900.

[33]Liu X, Xie Z, Yi D Y. Community detection by neighborhood similarity[J]. Chinese Physics Let-

ters, 2012, 29(4): 48902-48905.

[34]Newman M E J. Analysis of weighted networks[J]. Physical Review E: Statistical Nonlinear and

Soft Matter Physics, 2004, 70(5): 056131.

[35]Leicht E A , Newman M E J. Community structure in directed networks[J]. Proceedings Review

Letters, 2008, 100(11): 118703.

[36]Raghavan U N, Albert R, Kumara S. Near linear time algorithm to detect community structures in

large-scale networks [J]. Physical Review E Statistical Nonlinear and Soft Matter Physics, 2007,

76(3): 036106.

[37]Yang B, Cheung W K, Liu J. Community mining form signed social networks[J]. IEEE Transac-

tions on Knowledge and Data Engineering, 2007, 19 (10) : 1333-1348.

[38]Wei W, Xu F Y, Tan C C, et al. SybilDefender: A defense mechanism for sybil attacks in large social networks[J]. IEEE Transactions on Parallel and Distributed Systems, 2013, 24 (12) : 2492-2502.

[39]Liu Y, Wang Q X, Wang Q, et al. Email community detection using artificial ant colony clustering [J]. International Journal of Network Security, 2007, 16 (5) : 323-330.

[40]金弟, 杨博, 刘杰, 等. 复杂网络簇结构探测: 基于随机游走的蚁群算法[J]. 软件学报, 2012, 23 (3) : 451-464.

[41]Tasgin M, Herdagdelen A, Bingol H. Community detection in complex networks using genetic algorithms [J/OL] https: //arxiv. org/abs/0711. 0491[2019-12-17]..

[42]何东晓, 周栩, 王佐, 等. 复杂网络社区结构挖掘——基于聚类融合的遗传算法[J]. 自动化学报, 2010, 36 (8) : 1160-1170.

[43]金弟, 刘杰, 杨博, 等. 局部搜索与遗传算法结合的大规模复杂网络社区探测[J]. 自动化学报, 2011, 37 (7) : 873-882.

[44]Palla G, Derényi I, Farkas I, et al. Uncovering the overlapping community structure of complex networks in nature and society [J]. Nature, 2005, 435 (7043) : 814-818.

[45]Farkas I, ÁBEL D, Palla G, et al. Weighted network modules [J]. New Journal of Physics, 2007, 9 (6) : 180.

[46]Kumpula J M, Kivelä M, Kaski K, et al. Sequential algorithm for fast clique percolation [J]. Physical Review E: Statistical Nonlinear and Soft Matter Physics, 2008, 78 (2) : 026109.

[47]Evans T S, Lambiotte R. Line graphs, link partitions and overlapping communities [J]. Physical Review E: Statistical Nonlinear and Soft Matter Physics, 2009, 80 (1)

[48]Ahn Y Y, Bagrow J P, Lehmann S. Link communities reveal multiscale complexity in networks [J]. Nature, 2010, 466(7307): 761-764.

[49]黄发良, 肖南峰. 基于线图与 PSO 的网络重叠社区发现[J]. 自动化学报, 2011, 37(9): 1140-1144.

[50]Lancichinetti A, Fortunato S, and Kertész J. Detecting the overlapping and hierarchical community structure in complex networks [J]. New Journal of Physics, 2009, 11(3): 033015.

[51]Shang M S, Chen D B, Zhou T. Detecting overlapping communities based on community core in complex networks [J]. Chinese Physics Letters, 2010, 27(5): 264-267.

[52]Chen D B, Shang M S, Lv Z, et al. Detecting overlapping communities of weighted networks via a local algorithm [J]. Physica A: Statistical Mechanics and Its Applications, 2010, 389(19): 4177-4187.

[53]Dunn C W, Gupta M, Gerber A, et al. Navigation characteristics of Online Social Networks and Search Engines Users[C]. Workshop on Online Social Networks, 2012: 43-48.

[54]Menasc´e D, Almeida V, Fonseca R, et al. Business-Oriented Resource Management Policies for E-Commerce Servers[J]. Performance Evaluation, 2000, 42(2-3): 223–239.

[55]Agichtein E, Brill E, Dumais S. Improving Web Search Ranking by Incorporating User Behavior Information[C]. In Proc. ACM SIGIR Conf. on Research and Development in Information Retrieval, Seattle, 2006: 11-18.

[56]Fisher D, Smith M, Welser H. You Are Who You Talk To: Detecting Roles in Usenet Newsgroups[C]. In Proc. Hawaii International Conference on System Sciences (HICSS), Hawaii, 2006: 536-544.

[57]苑卫国. 微博用户行为分析和网络结构演化的研究[D]. 北京: 北京交通大学, 2014.

[58]Java A, Song X D, Finin T, et al. Why we twitter: understanding microblogging usage and communities [C]. Proceedings of the 9th WebKDD and 1st SNA-KDD 2007 workshop on Web mining and social network analysis, San Jose, 2007: 549-556.

[59]Krishnamurthy B, Gill R, Arlitt M. A few chirps about twitter [C]. Proceedings of the 29th Annual International ACM SIGIR Conference. on Research and Development in Information Retrieval, Seattle, 2006: 19-26.

[60]Fisher D, Smith M, Welser H T. You are who you talk to: detecting roles in usenet newsgroups[C]. Proceedings of the 39th Annual Hawaii International Conference on System Sciences, Kauia, 2006: 536-545.

[61]Maia M, Almeida J, Almeida V. Identifying user behavior in online social networks [C]. Proceedings of the 1st Workshop on Social Network Systems, Glasgow, 2008: 1-6.

[62]Jain A, Murty M, Flynn P. Data clustering: A review[J]. ACM Computing Surveys, 1999, 31(3): 264–323.

[63]Menasc´e D A, Almeida V. Scaling for E-Business: Technologies, Models, Performance, and Capacity Planning [M]. Englewood: Prentice Hall, 2000.

[64]Goh K I, Barabasi A L. Burstiness and memory in complex systems[J]. Europhysics Letters, 2008, 81(4): 48002

[65]Zhou T, Han X P, Wang B H. Towards the understanding of human dynamics[J]. Physics, 2008: 207-233.

[66]Plerou V, Gopikrishnan P, Amaral L A N, et al. Economic fluctuations and anomalous diffusion [J]. Physical Review E: Statistical Physics, Plasmas, Fluids, and Related Interdisciplinary Topics, 2000, 62(3A): R3023-6.

[67]Masoliver J, Montero M, Perello J. The CTRWs in finance: The mean exit time[M]. Takayasll H. Practical Fruits of Econophysics: Proceedings of the Third Nikkei Econophysics Symposium. Tokyo: Springer-Verlag, 2006.

[68]Barabdsi A L. The origin of bursts and heavy tails in human dynainics[J]. Nature, 2005, 435(7039): 207-211.

[69]Han X P, Zhou T, Wang B H. Modeling human dynamics with adaptive interest [J]. New Journal of Physics, 2008, 10(7): 073010.

[70]Shang M S, Chen G X, Dai S X, et al. Interest-driven model for human dynamics [J]. Chinese Physics Letters, 2010, 27(4): 250-252.

[71]Wei W, Sharad J, Jim K, et al. Identifying 802.11 Traffic From Passive Measurements Using Iterative Bayesian Inference[J]. IEEE/ACM   Transaction on Network, 2012, 20(2): 325-338.

[72]Shi Y, Biswas S. Website fingerprinting using traffic analysis of dynamic webpages[C], 2014 IEEE Global Communications Conference. Austin, 2014: 557-563.

[73]Danezis G. Introducing traffic analysis attacks, defences and public policy issues[J]. IEEE ACM Transactions on Networking, 2005, 13(6): 1205-1218.

[74]Belkin N J, Croft W B. Information filtering and iInformation retrieval: two sides of the same coin[J]. Communication of the ACM, 1992, 35(12): 29-38.

[75]Resnick P, Iacovou N, Suchak M, et al. GroupLens: An open architecture for collaborative filtering of netnews[C]. Proceedings of the 1994 ACM Conference on Computer Supported Cooperative Work, Chapel Hill, 1994: 175-186.

[76]Linden G, Smith B, York J. Amazon. com recommendations: Item-to-item collaborative filtering[J]. IEEE Internet Computing, 2003, 7(1): 76-80

[77]Golder S A, Wilkinson D M, Huberman B. Rhythms of social interaction: Messaging within a massive online network[J]. Communities and Techonologies, 2007, 2007: 41-66

[78]Backstrom L, Sun E, Marlow C. Find me if you can: Improving geographical prediction with social and spatial proximity[C]. Proceedings of the 19th International Conference on World Wide Web, Raleigh, 2010: 61-70.

[79]阴红志. 社会化媒体中若干时空相关的推荐问题研究[D]. 北京: 北京大学, 2014.

[80]杨宁, 唐常杰, 王悦, 等. 基于谱聚类的多数据流演化事件挖掘[J]. 软件学报, 2010, 21(10): 2395-2409.

[81]Crandall D J, Backstrom L, Cosley D, et al. Inferring social ties from geographic coincidences[J]. Proceedings of the National Academy of Sciences, 2010, 107(52): 22436-22441.

[82]Eagle N, Pentland A S, Lazer D. Inferring friendship network structure by using mobile phone data[J]. Proceedings of the National Academy of Sciences, 2009, 106(36): 15274-15278.

[83]Guan T, Wang K R, Zhang S P. A robust periodicity mining method from incomplete and noisy observations based on relative entropy[J]. International Journal of Machine Learning and Cybernetics, 2015, 8(1): 1-11.

[84]Sinatra R, Szell M. Entropy and the predictability of online life[J]. Entropy, 2014, 16(1): 543-556.

[85]Phithakkitnukoon S, Husna H, Dantu R. Behavioral entropy of a cellular phone user[M]. Liu H, Salerno J J, Young M J. Social Computing, Behavioral Modeling, and Prediction. Boston: Springer, 2008.

[86]Mit media lab: Reality mining. Massachusetts Institute of Technology Media Lab[OL]. http://realitycommons. media. mit. edu[2019-10-30].

[87]Eriksson B, Barford P, Nowak R, et al. Learning network structure from passive measurements[C]. Proceedings of the 7th ACM SIGCOMM Conference on Internet Measurement, San Diego, 2007: 209-214.

[88]Eriksson B, Barford P, Sommers J, et al. DomainImpute: Inferring unseen components in the internet[C]. 2011 Proceedings IEEE INFOCOM, Shanghai, 2011: 171-175.

[89]Eriksson B, Balzano L, Nowak R. High-rank matrix completion and subspace clustering with missing data[J]. 2011.

[90]Wang Y C, He L. Estimating hidden network topology using hop matrix[C]. 2014 IEEE Workshop on Advanced Research and Technology in Industry Applications（WARTIA）, Ottawa, 2014: 1033-1038.

[91]He L, Wei Q. Node-merging method in passive network topology detection[C]. 2015 IEEE Advanced Information Technology, Electronic and Automation Control Conference, Chongqing, 2015: 484-488.

[92]Li L, Alderson D, Willinger W, et al. A first-principles approach to understanding the internet's router-level topology[J]. ACM SIGCOMM Computer Communication Review, 2004, 34(4): 3-14.

[93]Alderson D, Li L, Willinger W, et al. Understanding internet topology: Principles, models, and validation[J]. IEEE ACM Transactions on Networking, 2005, 13(6): 1205-1218.

[94]Ibragimov R, Malek M, Guo J, et al. GEDEVO: An evolutionary graph edit distance algorithm for biological network alignment[J]. German Conference on Bioinformatics, 2013, 34: 68-79.

[95]Zhang Z B, Tan J. Research of P2P traffic identification based on K-means and decision tree[J]. Computer Engineering and Design, 2014, 35(3): 798-802.

[96]Karagiannis T, Broido A, Brownless N, et al. File-sharing in the internet: A characterizaion of P2P traffic in the backbone. University of California, Riverside Department of Computer Science, Technical Report. 2003.

[97]Sen S, Wang J. Analyzing peer-to-peer traffic across large networks[C]. Proceedings of the 2nd ACM SIGCOMM Workshop on Internet Measurement, Marseille, 2002: 137-150.

[98]Luchaup D, de Carli L, Jha S, et al. Deep packet inspection with DFA-trees and parametrized language over approximation [C]. IEEE INFOCOM 2014. IEEE Conference on Computer Communication, Toronto, 2014: 531-539.

[99]Bremler-Barr A, Harchol Y, Hay D, et al. Deep packet inspection as a service[C]. Proceedings of the 10th ACM International on Conference on Emerging Networking Experiments and Technologies, Sydney, 2014: 271-282.

[100]Shin S, Jung J, Balakrishnan H. Malware prevalence in the KaZaA file-sharing network[C]. Proceedings of the 6th ACM SIGCOMM Conference on Internet Measurement, Rio de Janeriro, 2006: 333-338.

[101]McGregor A, Hall M, Lorier P, et al, Flow clustering using machine learning techniques[M]. Barakat C, Pratt I. Passive and Active Network Measurement. Berlin: Springer, 2004: 205-214.

[102]Velan P, Cermák M, Celeda P, et al. A survey of methods for encrypted traffic classification and analysis[J]. International Journal of Network Management, 2015, 25(5): 355-374.

[103]Auld T, Moore A W, Gull S F, Bayesian neural networks for internet traffic classification[J], IEEE Transactions on Neural Networks, 2007, 18(1): 223-239.

[104]Yuan R, Li Z, Guan X, et al. An SVM-based machine learning method for accurate internet traffic classification[J]. Information Systems Frontiers, 2010, 12(2): 149-156.

[105]Andrea L, Santo F. Benchmarks for testing community detection algorithm on directed and weighted graphs with overlapping communities[J]. Physical Review E Statistical Nonlinear and Soft Matter Physics, 2009, 80: 145-148.

[106]Danon L, Duch J, Diaz-Guilera A, et al. Comparing community structure identification [J]. Journal of Statistical Mechanics: Theory and Experiment, 2005, 80: 145-148.

[107]Clauset A, Newman M E J , Moore C. Finding community structure in very large networks[J]. Physical Review EStatistical Nonlinear and Soft Matter Physics, 2004, 70(2): 066111.

[108]Newman M E J. Finding community structure using the eigenvectors of matrics[J]. Physical review E Statistical Nonlinear and Soft Matter Physics, 2006, 23(3): 87-106.

[109]Titterington D M, Murray G D, Murray L S, et al. Comparison of discriminition techniques applied to a complex data set of head injured patients[J]. Journal of the Royal Statistical Society, 1981, 144(2): 145-175.

[110]吴信东, 库马尔. 数据挖掘十大算法[M]. 北京: 清华大学出版社, 2013.

[111]Liu J, Song B. Naive Bayesian classifier based on genetic simulated annealing algorithm[J]. Procedia Engineering, 2011, 23: 504-509.

[112]秦锋, 任诗流, 程泽凯, 等. 基于属性加权的朴素贝叶斯分类算法[J]. 计算机工程与应用, 2008, 44(6): 107-109.

[113]Alias Balamurugan A , Rajaram R . NB+: An improved Naive Bayesian algorithm[J]. Knowledge Based Systems, 2011, 24(5): 563-569.

[114]宫秀军. 贝叶斯学习理论及其应用研究[D]. 北京: 中国科学院计算技术研究所, 2002.

[115]Ng A Y, Jordan M I, Weiss Y. On spectral clustering: Analysis and algorithm[C]. Proceedings of the 14th International Conference on Neural Information Processing System: Natural and

Synthetic, Vancouver, 2001: 849-856.

[116]Tartare G, Hamad D, Azahaf M, et al. Spectral clustering applied for dynamic contrast-enhanced MR analysis of time–intensity curves[J]. Computerized Medical Imaging and Graphics, 2014, 38(8): 702-713.

[117]Sánchez-García R J, Fennelly M, Norris S, et al. Hierarchical spectral clustering of power grids[J]. IEEE Transactions on Power Systems, 2014, 29(5): 2229-2237.

[118]Chung F R K. Spectral graph theory[M]. New York: American Mathematical Society, 1997.

[119]周林, 平西建, 徐森, 等. 基于谱聚类的聚类集成算法[J]. 自动化学报, 2012, 38(8): 1335-1342.

[120]蔡晓妍, 戴冠中, 杨黎斌. 谱聚类算法综述[J]. 计算机科学, 2008, 35(7): 14-18.

[121]von Luxburg U. A tutorial on spectral clustering[J]. Statistics and Computing, 2007, 17(4): 395-416.

[122]Yan D, Huang L, Jordan M I. Fast approximate spectral clustering[C]. Proceedings of the 15th ACM Sigkdd International Conference on Knowledge Discovery and Data Mining, New York, 2009: 907-916.

[123]Fowlkes C, Belongie S, Chung F, et al. Spectral grouping using the Nystrom method[J], IEEE Transactions on Pattern Analysis and Machine Intelligence, 2004, 26(2): 214-225.

[124]Xiang T, Gong S G. Spectral clustering with eigenvector selection[J]. Pattern Recognition, 2008, 41(3): 1012-1029.

[125]de Amorim R C, Hennig C. Recovering the number of clusters in data sets with noise features using feature rescaling factors[J]. Information Sciences, 2015, 324: 126-145.

[126]Sakaki T, Okazaki M, Matsuo Y. Earthquake shakes Twitter users: Real-time event detection by

social sensors[C]. Proceedings of the 19th International Conference on World Wide Web, Raleigh, 2010: 851-860.

[127]Yu Y, Wang X. World cup 2014 in the twitter world: A big data analysis of sentiments in U. S. sports fans' tweets[J]. Computers in Human Behavior, 2015, 48: 392-400.

[128]Qu Y, Huang C, Zhang P Y, et al. Microblogging after a major disaster in China: A case study of the 2010 Yushu earthquake[C]. Proceedings of the ACM 2011 Conference on Computer Supported Cooperative Work, Hangzhou, 2011: 25-34.

[129]Danezis G , Mit P. SybilInfer: Detecting sybil nodes using social networks[C]. 16th Annual Network and Distributed System Security Symposium, San Diego, 2009: 39-53.

[130]Tran N, Li J, Subramanian L, et al. Optimal Sybil-resilient node admission control[C]. The 30th IEEE International Conference on Computer Communications, Shanghai, 2011: 3218-3226.

[131]Xu L, Chainan S, Takizawa H, et al. Resisting Sybil attack by social network and network clustering[C]. Proceedings of the 2010 10th IEEE/IPSJ International Symposium on Applications and the Internet. Washington, 2010: 15-21.

[132]Yu H F, Gibbons P B, Kaminsky M, et al. SybilLimit: A near-optimal social network defense against sybil attacks[J]. IEEE ACM Transactions on Networking, 2010, 18(3): 885-898.

[133]Yu H F, Kaminsky M, Gibbons P B, et al. SybilGuard: Defending against sybil attacks via social networks[J]. IEEE ACM Transactions on Networking, 2008, 16(3): 576-589.

[134]Liu P, Wang X H, Che X Q, et al. Defense against Sybil attacks in directed social networks. [C]. Proceedings of the 19th International Conference on Digital Signal Processing, Hong Kong, 2014: 239-243.

[135]Erdos P, Renyi A. On random graphs[J]. Publicationes Mathemticae Debrecen, 1959, 6: 290-297.